宝宝的贴心
手工毛衣

廖名迪　主编

精选各种款式的毛衣

满满的都是对宝宝的关爱

纯手工一针一线编织

U0201206

辽宁科学技术出版社

· 沈阳 ·

本书编委会

主　编　廖名迪

编　委　宋敏姣　贺梦瑶　李玉栋

图书在版编目（CIP）数据

宝宝的贴心手工毛衣 / 廖名迪主编. —沈阳：辽
宁科学技术出版社，2013.9
ISBN 978-7-5381-8198-2

I. ①宝… Ⅱ. ①廖… Ⅲ. ①童服—毛衣—编织—图
集Ⅳ. ① TS941.763.1-64

中国版本图书馆 CIP 数据核字（2013）第 182458 号

如有图书质量问题，请电话联系
湖南攀辰图书发行有限公司
地址：长沙市车站北路 649 号通华天都 2 栋 12C025 室
邮编：410000
网址：www.penqen.cn
电话：0731-82276692　82276693

出版发行：辽宁科学技术出版社
　　　　　（地址：沈阳市和平区十一纬路 29 号　邮编：110003）
印 刷 者：湖南新华精品印务有限公司
经 销 者：各地新华书店
幅面尺寸：210mm × 285mm
印　　张：11.5
字　　数：162 千字
出版时间：2013 年 9 月第 1 版
印刷时间：2013 年 9 月第 1 次印刷
责任编辑：卢山秀　攀　辰
摄　　影：龙　斌
封面设计：多米诺设计·咨询　吴颖辉
版式设计：攀辰图书
责任校对：合　力

书　　号：ISBN 978-7-5381-8198-2
定　　价：29.80 元
联系电话：024-23284376
邮购热线：024-23284502

CONTENTS 目录

编织图解见第
089～090 页

背面

☺ 凯蒂猫连衣裙

🐰🐰🐰🐰🐰

凯蒂猫永远是小女孩的最爱，粉色的花边和图案让连衣裙更加生动可爱。

背面

编织图解见第
090～091页

☺ 甜美蝴蝶结背带裙

🐰🐰🐰🐰🐰

甜美的蝴蝶结和红色的花纹点缀，给灰色的
背带裙增添了一抹活力，让宝宝成为真正的可爱
小淑女。

背面

编织图解见第
091～092页

花边领短袖毛衣

精巧可爱的花边衣领和独特的花纹设计，让
宝宝穿出精致迷人的公主气质。

编织图解见第093页

背面

🙂 红色系带无袖裙

🐰🐰🐰🐰🐰

火红的颜色，系带收腰的设计，蝴蝶结口袋和镂
空花纹的下摆，都体现一种迷人的可爱女孩气质。

编织图解见第 094 页

背面

☺ 红色气质斗篷

红艳艳的颜色，穿上它让宝宝拥有明星气质。

编织图解见第
095～096 页

背面

😊 蕾丝花边领毛衣

🐰🐰🐰🐰🐰

温暖优雅的蓝色，简单有趣的图案，再搭
配上精致的蕾丝花边领，让宝宝更加文静可爱。

背面

编织图解见第
096～097页

中国风巨大毛衣

此款毛衣颇具中国风，宝宝穿起来十分
喜庆可爱。

宝宝的贴心
手工毛衣

编织图解见第
097～098 页

背面

☺ 童趣一字领毛衣

🐰 🐰 🐰 🐰 🐰

鲜艳的颜色，个性的一字领，精美的花朵和海绵
宝宝的图案，都让毛衣充满童趣。

编织图解见第
099～100 页

☺ 波浪纹小翻领毛衣

🐰 🐰 🐰 🐰 🐰

红色的波浪纹明亮又活泼，斜斜编织的口袋可爱又俏皮。

编织图解见第
100～101 页

条纹短袖毛衣

精美的花纹和花朵的装饰以及灰色的条纹，
让毛衣充满层次感。

宝宝的贴心
手工毛衣
013

编织图解见第 102 页

背面

大耳朵图图背心

宝宝喜欢的卡通图案，配上波浪纹、花朵和蝴蝶结，明亮又俏皮。

编织图解见第103页

背面

☺ 可爱男款连帽外套

🐰 🐰 🐰 🐰 🐰

白色与绿色的组合让人瞬间感受到大自然的
清新，图案和毛球的设计让毛衣更加动感。

编织图解见第
104 ～ 105 页

白色花朵淑女毛衣

白色的毛衣搭配上花朵的花纹，尽显淑女气质。

宝宝的贴心
手工毛衣

编织图解见第
105 ～ 106 页

背面

灰边系带毛衣

🐰 🐰 🐰 🐰 🐰

灰色的花边和系带，让宝宝显得更加优雅和
文静。

编织图解见第
106 ～ 107 页

背面

☺ 泡泡袖卡通外套

🐰 🐰 🐰 🐰 🐰

简洁大方的设计配上卡通图案让毛衣顿时有了童
趣和活力。

宝宝的贴心
手工毛衣

编织图解见第
107 ~ 109 页

😊 双色拼接连帽外套

🐰 🐰 🐰 🐰 🐰

蓝色与白色的经典搭配，可爱的波浪和猫咪的图案，让宝宝活力十足。

编织图解见第
109~110页

背面

😊 树叶花纹系带毛衣

🐰 🐰 🐰 🐰 🐰

可爱的树叶花纹十分俏皮，下摆精巧的花纹和
系带的设计，让宝宝穿起来更具气质和活力。

编织图解见第 111 页

背面

学院风格子毛衣

学院风格的格子毛衣打造出集帅气与酷
劲儿于一身的小明星。

编织图解见第
112～113 页

红色小翻领毛衣

活泼的红色，别致的花纹，波浪形的衣袖和下摆都
突显出一种可爱、优雅的气质。

编织图解见第
113～114页

☺ 简约学院风背心

🐰🐰🐰🐰🐰

简约的学院风背心，让宝宝穿出帅气和
自信。

背面

编织图解见第
114～115页

卡通图案条纹外套

米色与橙色相间的不规则条纹让毛衣不拘一格，卡通口袋的设计与背部的卡通图案使毛衣更具活力。

编织图解见第 116 页

☺ 卡通图案套头衫

🐰 🐰 🐰 🐰 🐰

鲜亮的颜色，充满童趣的卡通图案，让宝宝穿出活
力和动感。

背面

编织图解见第
117～118页

缤纷装饰外套

鲜亮的黄色配上色彩缤纷的装饰，让毛衣
顿时生动起来。

编织图解见第
118～119页

☺ 灰色连帽马甲

🐰🐰🐰🐰🐰

灰色的连帽马甲，大方又不失活力。

编织图解见第
119～120 页

背面

紫色花朵连帽外套

紫色的毛球小花点缀在灰色的毛衣上，十分俏皮可爱。

背面

编织图解见第 121 页

😊 学院风格子小背心

🐰🐰🐰🐰🐰

学院风格的格子小背心，让宝宝既充满书卷气又有活力。

编织图解见第 122 页

☺ 花纹宽松连衣裙

🐰 🐰 🐰 🐰 🐰

小堆领的设计，各种精美的花纹，让毛衣更
添可爱气质。

编织图解见第123页

背面

😊 俏皮连帽马甲

🐰🐰🐰🐰🐰

精美的花纹，细小的镂空设计，使马甲舒适透气。

编织图解见第
124～125页

☺ 俏皮可爱套头衫

V字形小圆翻领让毛衣不拘一格，俏皮女孩的图案使毛衣更可爱。

编织图解见第
125～126页

☺ 小花朵背心

温暖的海洋蓝上点缀上红色的可爱小花朵，让
整件小背心顿时鲜亮起来。

编织图解见第
126 ～ 127 页

☺ 小花翻领毛衣

🐰🐰🐰🐰🐰

粉红色的小花点缀在白色的毛衣上，穿上它
使宝宝显得很可爱。

编织图解见第 127～128 页

小鲸鱼套头衫

红色和白色的条纹使毛衣充满活力，小鲸鱼的图案使毛衣更加生动活泼。

编织图解见第 128～129 页

背面

😊 俏皮褶皱中袖毛衣

小褶皱的衣摆设计让整件毛衣显得俏皮可爱。

编织图解见第
129～130 页

☺ 紫色小翻领外套

紫色的气质小翻领外套点缀上白色的花纹
和红色的小衣扣，让宝宝穿起来优雅又俏皮。

编织图解见第131页

细节图

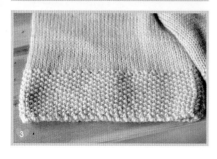

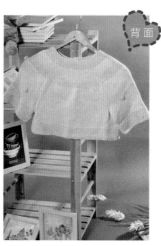

背面

☺ 大袖口蝙蝠衫

🐰🐰🐰🐰🐰

粉嫩的颜色，加上毛线小球的点缀，让蝙蝠衫更加生动可爱。

背面

编织图解见第
132～133 页

细节图

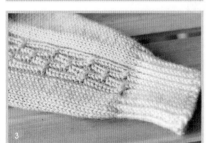

😊 蓝色配帽气质套装

🐰🐰🐰🐰🐰

温暖优雅的蓝色小外套，搭配上同款的毛线帽子，
让宝宝看起来更加有气质。

背面

编织图解见第
133～135页

优雅翻领外套

可爱的小翻领，别致的小花，让毛衣的淑女气质
更加突出。

编织图解见第
136～137 页

背面

细节图

😊 绿色连帽外套

绿色的毛衣活力十足，精美的花纹
使毛衣不再单调。

编织图解见第
137～138 页

细节图

背面

个性衣领气质毛衣

ψ ψ ψ ψ ψ

个性的衣领和花纹的设计让宝宝穿上后具有独特的气质。

编织图解见第
138～139页

背面

☺ 连肩袖花朵毛衣

🐰🐰🐰🐰🐰

此款毛衣采用连肩袖的设计，花朵和衣摆的组合
像一只振翅欲飞的蝴蝶，宝宝穿上它会令人眼前一亮。

编织图解见第
139～140 页

细节图

🙂 红色波浪小短裙

🐰🐰🐰🐰🐰

3 层的波浪小短裙让宝宝更加俏皮可爱。

编织图解见第
140～141页

细节图

背面

迷彩条纹套头衫

ΨΨΨΨΨ

迷彩风格的套头毛衣，让宝宝穿出帅气
和活力。

☺ 异域风情蝙蝠衫

异域风情的条纹蝙蝠衫让宝宝穿出不一样
的风格。

细节图

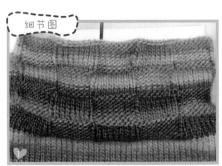

编织图解见第 141 页

编织图解见第 142 页

细节图

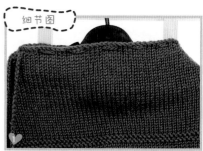

背面

☺ 紫色流苏披肩

紫色的流苏披肩唯美梦幻，让宝宝穿出公主般的感觉。

宝宝的贴心
手工毛衣

编织图解见第
142～143页

细节图

背面

☺ 英文字母图案毛衣

🐰🐰🐰🐰🐰

米色和灰色的搭配让毛衣具有温暖的气息，
不规则的花纹让毛衣更有活力。

编织图解见第144页

细节图

3

背面

☺ 卡通图案毛衣

🐰🐰🐰🐰🐰

此款毛衣上的蜘蛛侠和超人的图案让宝宝爱
不释手。

编织图解见第145页

细节图

背面

🙂 小老鼠图案宽松毛衣

精美的图案使蓝色的娃娃毛衣充满童趣和活力。

编织图解见第146页

细节图

可爱狗狗拼色毛衣

狗狗图案和拼色的设计，都使毛衣既显得温
暖大方又活泼可爱。

编织图解见第147页

细节图

背面

☺ 清新果园风毛衣

🐰 🐰 🐰 🐰 🐰

精美形象的葡萄图案让宝宝穿出清新的
果园风。

编织图解见第 148 页

细节图

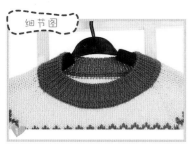

背面

牵手娃娃套头衫

鲜亮的颜色，可爱的图案，让毛衣时尚
又保暖。

编织图解见第 149 页

背面

细节图

纯白套头毛衣

不同的花纹搭配在一起使纯白色的毛衣不再单调。

编织图解见第150页

背面

细节图

☺ 九分袖连帽外套

立体的花朵让整件毛衣更具动感，宝宝穿起来显得时尚又可爱。

编织图解见第 151 页

细节图

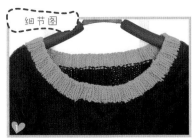

个性拼接毛衣

背面

极具特色的下摆以及拼接的设计，让宝宝穿上它显得时尚又可爱。

编织图解见第 **152** 页

黑色条纹毛衣

🐰🐰🐰🐰🐰

黑色的条纹衣袖和个性十足的下摆，让宝宝看上去既有特色又充满活力。

宝宝的贴心
手工毛衣

编织图解见第153页

细节图

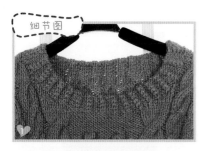

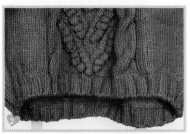

☺ 亮丽灯笼装毛衣

亮丽的玫红色，独特的花纹和灯笼装的设计，
让宝宝穿上后既显得淑女又不失活力。

编织图解见第 154 页

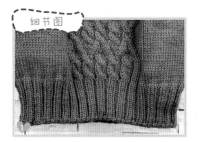

细节图

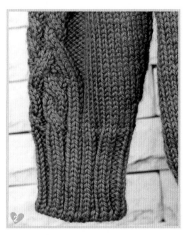

2

背面

😊 牛角扣宽松毛衣

🐰 🐰 🐰 🐰 🐰

斜襟牛角扣的设计是整件毛衣的亮点，让宝
宝穿出个性。

编织图解见第 155 页

背面

细节图

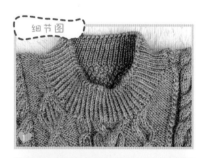

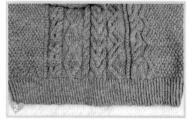

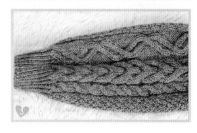

🙂 麻花纹套头毛衣

WWWWW

各种各样的麻花纹形状，编织出灰色保暖系
套头毛衣。

编织图解见第 156 页

细节图

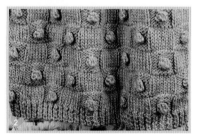

☺ 立体花朵高领毛衣

🐰🐰🐰🐰🐰

立体的花朵让紫色的毛衣更具有梦幻的效果。

背面

编织图解见第 157 页

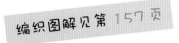

细节图

2

3

背面

☺ 波浪下摆娃娃毛衣

娃娃装的设计使宝宝穿起来活泼又可爱。

编织图解见第
158～159页

细节图

背面

牛角扣连帽外套

厚实的连帽毛线外套，舒适又保暖。

编织图解见第
159～160页

细节图

背面

🙂 卡通图案拼色毛衣

🐰 🐰 🐰 🐰 🐰

栩栩如生的卡通图案让宝宝爱不释手，蓝灰
两色的拼接让毛衣充满清新的气息。

编织图解见第
160～161 页

背面

😊 麻花纹连帽外套

🐰 🐰 🐰 🐰 🐰

对称的花纹设计，让简单的款式丰富起来。

细节图

编织图解见第
162～163 页

背面

细节图

花纹拼接连帽外套

紫色的毛衣充满梦幻的色彩，花纹的设计给
人厚实保暖的感觉。

编织图解见第 163～164 页

细节图

☺ 灯笼袖连帽长外套

🐰🐰🐰🐰🐰

个性的灯笼袖、别致的口袋、大气的花纹，
都让宝宝穿出温暖大方的气质。

编织图解见第165页

细节图

背面

😊 大花纹翻领毛衣

🐰🐰🐰🐰🐰

灰色是保暖系的经典色，加上个性的衣领
和花纹的设计，让毛衣更加自然、舒适、家居。

编织图解见第
166～167页

背面

细节图

☺ V 领气质小开衫

🐰🐰🐰🐰🐰

大气的花纹和别致的口袋让整件毛衣更
有特色。

编织图解见第
167~168页

细节图

背面

☺ 拼色高领毛衣

🐰🐰🐰🐰🐰

英文字母和不规则图案的拼色设
计，使毛衣在保暖的基础上又具有个性
和活力。

编织图解见第 169 页

背面

细节图

😊 喜庆红色毛衣

此款中国风特色的毛衣穿起来喜庆
又不失大方可爱。

编织图解见第 170 页

细节图

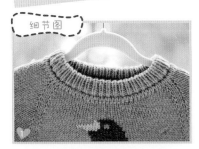

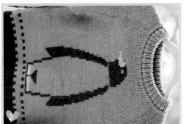

背面

企鹅图案拼色毛衣

可爱的企鹅图案和两种灰色的拼接设计，让宝宝穿出乖巧的气质。

编织图解见第
171～172页

细节图

背面

中国风可爱毛衣

精巧又大气的中国风让宝宝穿出喜庆和可爱。

编织图解见第
172～173页

细节图

背面

可爱娃娃连帽毛衣

卡通图案使简洁的毛衣顿时生动起来，个性的
衣领和下摆的设计让毛衣更加引人注目。

编织图解见第174页

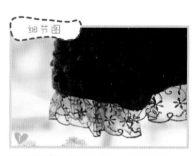

细节图

背面

☺ 蕾丝花边下摆毛衣

可爱的泡泡袖、精巧的下摆、玫瑰衣扣以及蕾丝花边的设计，从细节到整体都突显出一种优雅的公主气质。

编织图解见第175页

细节图

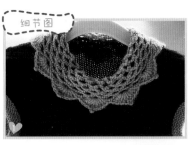

背面

☺ 立体花朵收腰连衣裙

玫红色的花边和花朵是整件毛衣的亮点，收腰的
设计更显淑女气质。

编织图解见第 176 页

细节图

背面

☺ 保暖高领毛衣

🐰 🐰 🐰 🐰 🐰

此款毛衣厚实保暖，是宝宝冬季必备的保暖
型高领毛衣。

编织图解见第177页

细节图

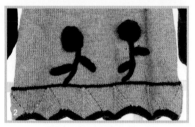

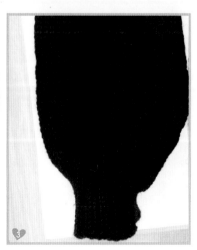

背面

☺灯笼袖毛衣

🐰🐰🐰🐰🐰

精致的花边衣领和下摆，可爱的灯笼袖设计，让宝宝穿起来既显得乖巧又落落大方。

编织图解见第 178 页

细节图

背面

绿色连帽无袖裙

精美的花纹、连帽的设计、流苏形的下摆，
都将宝宝的淑女气质表现得淋漓尽致。

编织图解见第
179～180页

细节图

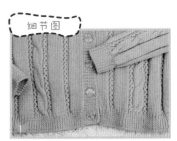

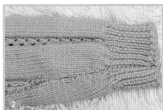

休闲连帽外套

素雅清新的风格，休闲味十足。

背面

编织图解见第
181 ~ 182 页

细节图

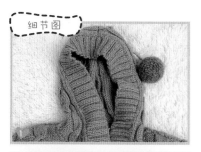

背面

☺ 牛角扣宽松外套

🐰 🐰 🐰 🐰 🐰

俏皮的牛角扣让整件毛衣更具个性，绿色也会使宝宝
富有活力。

编织图解见第
183～184页

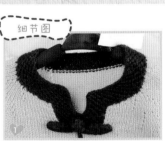

细节图

🙂 中国风典雅毛衣

🐰 🐰 🐰 🐰 🐰

此款毛衣中国风浓厚，宝宝穿起来乖巧、
典雅又不失俏皮。

凯蒂猫连衣裙

【成品尺寸】 衣长 54cm　胸围 64cm

【工具】 3.5mm 棒针

【材料】 灰色羊毛绒线若干　粉红色线少许

【密度】 10cm² : 30 针 ×40 行

【附件】 毛布动物图案 1 个

【制作过程】

1. 毛衣用棒针编织，由 1 片前片、1 片后片、2 片袖片组成，从下往上编织。

2. 前片：分上中下片编织，下片：用粉红色线，下针起针法起 126 针，编织 6cm 全下针后，对折缝合，形成双层平针底边，改用灰色线织全下针，侧缝减针，方法是：每 16 行减 1 针减 6 次，织 28cm 收针断线。中片：用粉红色线编织，按编织方向起 5cm，织 37cm 花样 A。上片：起 111 针，织 3cm 全下针后，进行袖窿以上的编织。两边袖窿减针，方法是：平收 5 针后，每 2 行减 1 减 5 次，各减 5 针，余下针数不加不减织 40 行至肩部。同时从袖窿算起织至 9cm 时，开始开领窝，中间平收 16 针，然后两边减针，方法是：每 2 行减 1 针减 8 次，各减 8 针，不加不减织 4 行至肩部余 24 针。上中下片按次序缝合。

3. 后片：分上中片编织，下片和中片与前片编织的方法一样。上片：起 111 针，织 3cm 全下针后，进行袖窿以上的编织，两边袖窿减针，方法与前片袖窿一样，同时织至袖窿算起 13cm 时，开后领窝，中间平收 28 针，两边减针，方法是：每 2 行减 1 针减 2 次，织至两边肩部余 24 针。上中下片按次序缝合。

4. 袖片：用粉红色线，下针起针法，起 60 针，织 6cm 全下针后，对折缝合，形成双层平针底边，改用灰色线织全下针，并配色。袖下加针，方法是：每 8 行减 1 针减 11 次，织至 26cm 时开始袖山减针，两边平收 5 针后减针，方法是：每 2 行减 2 针减 4 次，每 2 行减 1 针减 12 次，至顶部余 24 针。

5. 缝合：将前片的侧缝与后片的侧缝对应缝合。前片的肩部与后片的肩部缝合，两边袖片的袖下缝合后，分别与衣片的袖边缝合。

6. 领子：领圈边挑 98 针，圈织 3cm 花样 B，形成圆领。

7. 缝上毛布动物图案。编织完成。

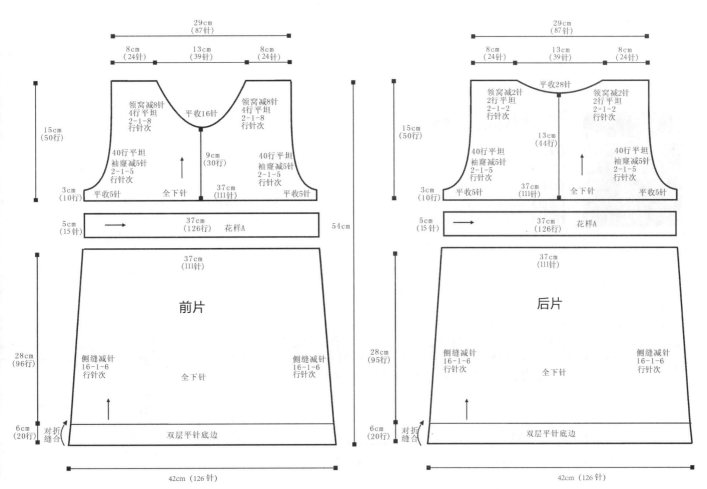

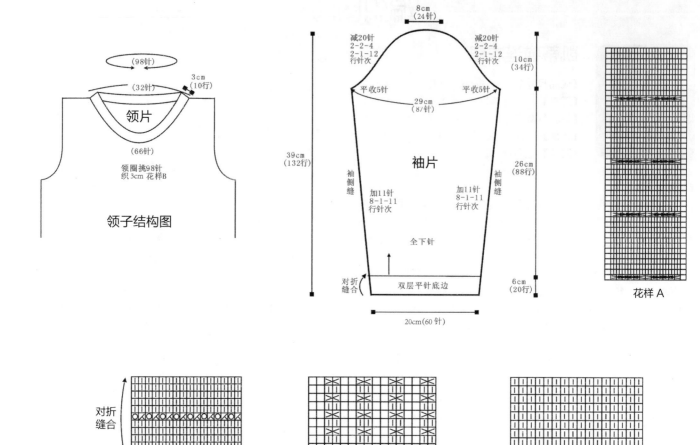

领子结构图

袖片

花样 A

双层平针底边

花样 B

全下针

甜美蝴蝶结背带裙

【成品尺寸】衣长 30cm　胸围 60cm
【工具】3.5mm 棒针
【材料】浅蓝色羊毛绒线若干　红色线少许
【密度】10cm² : 30 针 × 40 行
【附件】下摆刺绣蕾丝花边 1 片

【制作过程】
1. 前片：用红色线，下针起针法，起 90 针，先织 8 行单罗纹，再用浅蓝色线编织配色图案，改织全上针，织至 7cm 时改织全下针，侧缝不用加减针，织 19cm 时，改织 4cm 花样 A，收针断线。
2. 后片：编织方法与前片一样。
3. 缝合：将前片的侧缝与后片的侧缝对应缝合。
4. 肩带：是 2 个长方形，起 8 针，织 24cm 花样 B，分别与前后片缝合，形成肩带。
5. 装饰：肩带大蝴蝶结另织，起 14 针，织 16cm 花样 C，缝于两边肩带后面，4 片装饰小蝴蝶结另织，起 14 针，织 10cm 花样 C，分别缝合于前后片与肩带的连接处。下摆缝上刺绣蕾丝花边。编织完成。

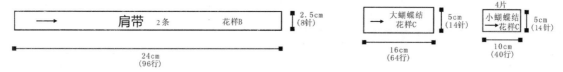

肩带　2条　花样 B

2.5cm
(8针)

24cm
(96行)

大蝴蝶结
花样C

16cm
(64行)

5cm
(14针)

4片
小蝴蝶结
花样C

10cm
(40行)

5cm
(14针)

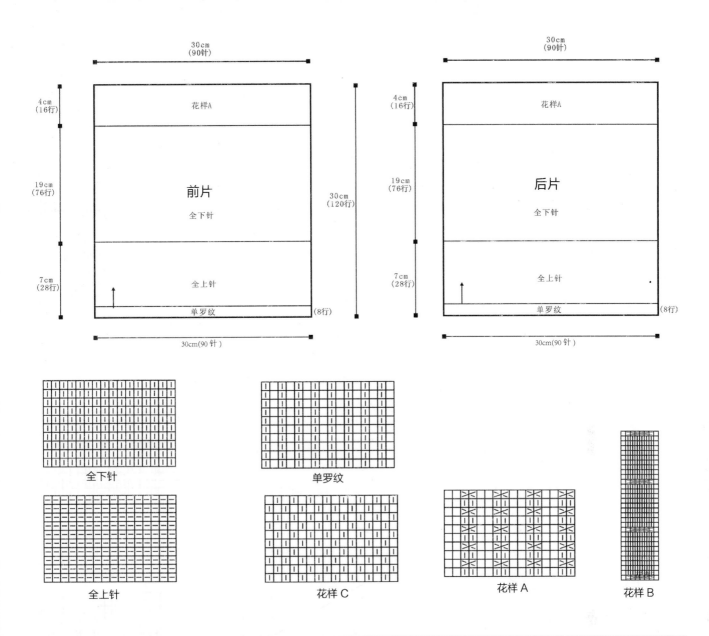

全下针

单罗纹

全上针

花样C

花样A

花样B

花边领短袖毛衣

【成品尺寸】 衣长 34cm　下摆宽 28cm　连肩袖长 17cm

【工具】 3.5mm 棒针

【材料】 白色、紫色羊毛绒线各若干

【密度】 10cm² : 28 针 ×38 行

【制作过程】

1. 前片：(1) 用下针起针法起 78 针，织 5cm 双罗纹后，改织花样，侧缝不用加减针，织 17cm 至插肩袖窿。

(2) 袖窿以上：两边平收 5 针后，进行袖窿减针，方法是：每 2 行减 1 针减 8 次，各减 8 针。

(3) 从插肩袖窿算起，织至 6cm 时，在中间平收 20 针，开始开领窝，两边各减 16 针，方法是：每 2 行减 2 针减 8 次，织至两边肩部全部针数收完。

2. 后片：(1) 插肩袖窿和袖窿以下的编织方法与前片插肩袖窿一样。

(2) 从插肩袖算起，织至 8cm，中间平收 44 针，领窝减针，方法是：每 2 行减 2 针减 2 次，织至两边肩部全部针数收完。

3. 袖片：用下针起针法，起 56 针，织 5cm 双罗纹后，改织花样，两边开始插肩减针，方法是：每 2 行减 1 针减 8 次，至肩部余 30 针，同样方法编织另一袖片。

4. 缝合：将前片的侧缝与后片的侧缝对应缝合。袖片的插肩部与衣片的插肩部缝合。

5. 领圈边挑 110 针，圈织 10 行双罗纹后，均匀加针，每织 3 针加 1 针，织 6 行全下针，形成圆领。编织完成。

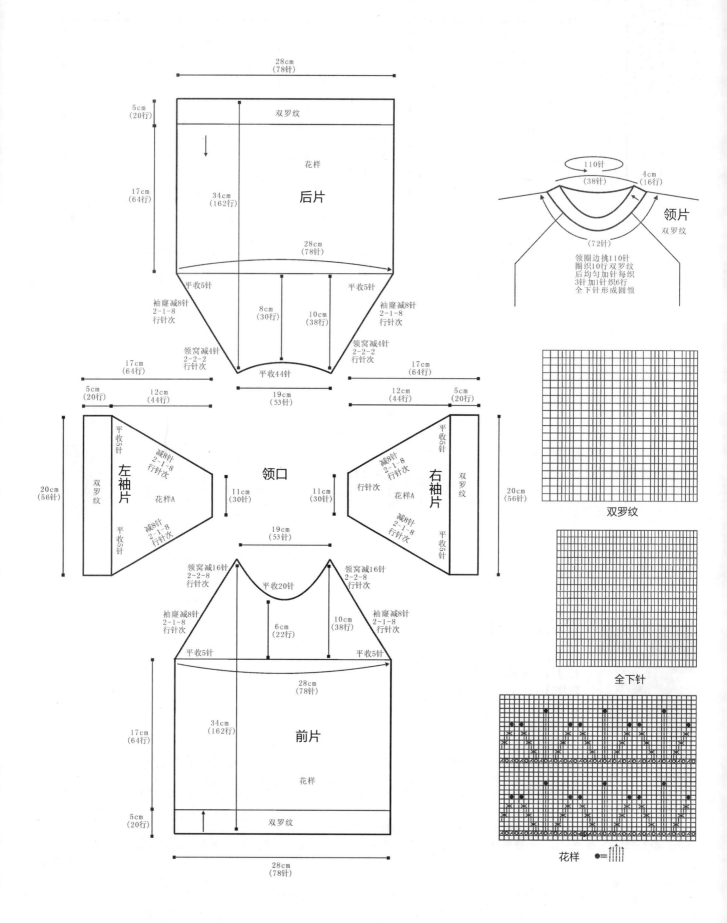

28cm
(78针)

5cm
(20行)

双罗纹

花样

后片

17cm
(64行)

34cm
(162行)

28cm
(78针)

平收5针

平收5针

袖窿减8针
2-1-8
行针次

袖窿减8针
2-1-8
行针次

8cm
(30行)

10cm
(38行)

领窝减4针
2-2-2
行针次

领窝减4针
2-2-2
行针次

平收44针

110针
(38针)

4cm
(16行)

领片

双罗纹

(72针)

领圈边挑110针
圈织10行双罗纹
后均匀加针每织
3针加1针织6行
全下针形成圆领

17cm
(64行)

5cm
(20行)

12cm
(44行)

12cm
(44行)

17cm
(64行)

5cm
(20行)

平收5针

平收5针

左袖片

减8针
2-1-8
行针次

领口

减8针
2-1-8
行针次

右袖片

20cm
(56针)

双罗纹

花样A

11cm
(30针)

11cm
(30针)

花样A

双罗纹

20cm
(56针)

平收5针

减8针
2-1-8
行针次

减8针
2-1-8
行针次

平收5针

双罗纹

19cm
(53针)

领窝减16针
2-2-8
行针次

平收20针

领窝减16针
2-2-8
行针次

袖窿减8针
2-1-8
行针次

6cm
(22行)

10cm
(38行)

袖窿减8针
2-1-8
行针次

平收5针

平收5针

全下针

28cm
(78针)

17cm
(64行)

34cm
(162行)

前片

花样

5cm
(20行)

双罗纹

28cm
(78针)

花样 ●=|||||

红色系带无袖裙

【成品尺寸】衣长 44cm　胸围 50cm
【工具】3.5mm 棒针
【材料】红色羊毛绒线若干　紫色线少许
【密度】10cm² : 26 针 ×36 行

【制作过程】

1. 前片：用下针起针法起 72 针，织 8cm 花样后改织全下针，侧缝不用加减针，织至 16cm 时，分散减 6 针，再织 4cm 后进行袖窿以上的编织，两边各平收 4 针后，进行袖窿减针，方法是：每 2 行减 1 针减 8 次，各减 8 针，平织 42 行至肩部。同时在袖窿算起7cm 时，中间平收 14 针后，进行领窝减针，方法是：每 2 行减 2 针减 3 次，平织 26 行，至肩部余 8 针。

2. 后片：袖窿以下和袖窿减针的织法与前片一样。领窝的织法：在袖窿算起 14cm 时，平收 20 针，进行领窝减针，方法是：每 2行减 1 针减 3 次，至肩部余 8 针。

3. 编织结束后，将前后片侧缝 肩部对应缝合。

4. 领圈边用钩针钩织花边，形成钩边圆领。两袖口边分别用钩针钩织花边。

5. 口袋：起 48 针，织全下针，先用紫色线织 2cm，改用红色线织 4cm，袋口用辫子绳子索紧，并在紫色线和红色线之间的位置与前片缝合，形成卷边口袋。腰间系上钩织的绳子。编织完成。

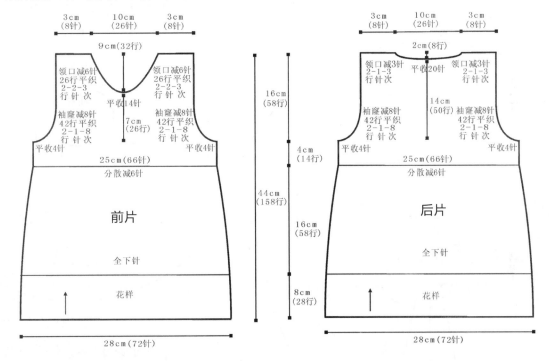

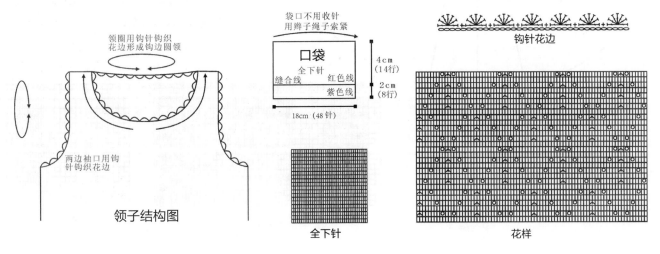

领子结构图

口袋

全下针

花样

钩针花边

红色气质斗篷

【成品尺寸】衣长 38cm 袖长 18cm
【工具】3.5mm 棒针 绣花针 钩针
【材料】红色羊毛线若干
【密度】10cm² : 24 针 × 32 行
【附件】纽扣 2 枚

【制作过程】

1. 领口环形片：下针起针法起 28 针，织 50cm 花样 B。
2. 在环形片的侧面挑 188 针，织花样 A，并在花样 A 的麻花之间的上针两边加针，方法是：每 2 行加 1 针加 28 次，织至 18cm 时，开始分出前后片和袖片，两袖片分别分出 82 针，全部收针。
3. 后片分出 124 针，继续编织至 26cm，收针断线。
4. 左右前片分别分出 62 针，继续编织 26cm，收针断线。
5. 把织片的 A 与 B 缝合，C 与 D 缝合。
6. 门襟用钩针钩织花边，领圈用钩针钩织花样 C。缝上纽扣。编织完成。

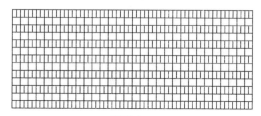

花样 C

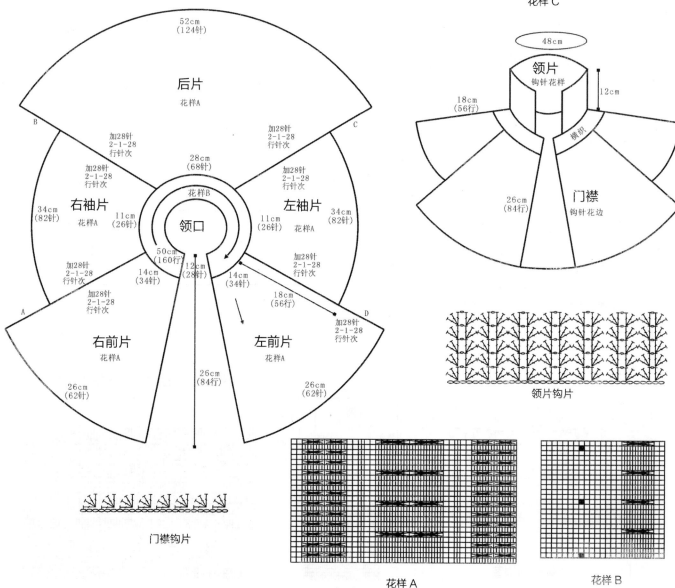

后片
花样A

52cm
(124针)

加28针
2-1-28
行针次

加28针
2-1-28
行针次

28cm
(68针)

花样B

右袖片
花样A

左袖片
花样A

领口

11cm
(26针)

11cm
(26针)

34cm
(82针)

34cm
(82针)

加28针
2-1-28
行针次

加28针
2-1-28
行针次

50cm
(160行)

加28针
2-1-28
行针次

14cm
(34针)

12cm
(28针)

14cm
(34针)

加28针
2-1-28
行针次

18cm
(56行)

加28针
2-1-28
行针次

右前片
花样A

左前片
花样A

26cm
(84行)

26cm
(62针)

26cm
(62针)

门襟钩片

48cm

领片
钩针花样

18cm
(56行)

12cm

横织

26cm
(84行)

门襟
钩针花边

领片钩片

花样 A

花样 B

蕾丝花边领毛衣

【成品尺寸】 衣长 45cm　胸围 70cm　袖长 40cm
【工具】 3.5mm 棒针　缝衣针
【材料】 浅蓝色羊毛绒线若干　浅黄色线少许
【密度】 10cm² : 18 针 ×30 行
【附件】 刺绣花边领 1 片

【制作过程】

1. 前片:用下针起针法起 44 针,编织 3cm 花样 B 后,改织花样 A,两边留 5 针继续织花样 B,并在花样 B 的旁边加 12 针,方法是: 每 2 行加 1 针加 12 次,织 9cm 后,针数为 68 针全部织花样 A,侧缝不用加减针,织 15cm 至袖窿。

2. 袖窿以上的编织:两边袖窿减针,方法是:每 2 行减 1 针减 5 次,各减 5 针,余下针数不加不减织 44 行。同时从袖窿算起织至 14cm 时,开始开领窝,中间平收 14 针,然后两边减针,方法是:每 2 行减 2 针减 4 次,各减 8 针,织至肩部余 14 针。

3. 后片:袖窿和袖窿以下的编织方法与前片袖窿减针一样。同时织至袖窿算起 16cm 时,开后领窝,中间平收 24 针,两边减针,方法是:每 2 行减 1 针减 3 次,织至两边肩部余 14 针。

4. 袖片:用下针起针法,起 36 针,织 3cm 花样 B 后,改织全下针,袖下加针,方法是:每 8 行加 1 针加 10 次,织至 27cm 时开始袖山减针,方法是:每 2 行减 2 针减 2 次,每 4 行减 3 针减 6 次。

5. 缝合:将前片的侧缝与后片的侧缝对应缝合。前片的肩部与后片的肩部缝合,两边袖片的袖下缝合后,分别与衣片的袖边缝合。

6. 装饰:领圈边缝上刺绣花边领和花样 A 的球。编织完成。

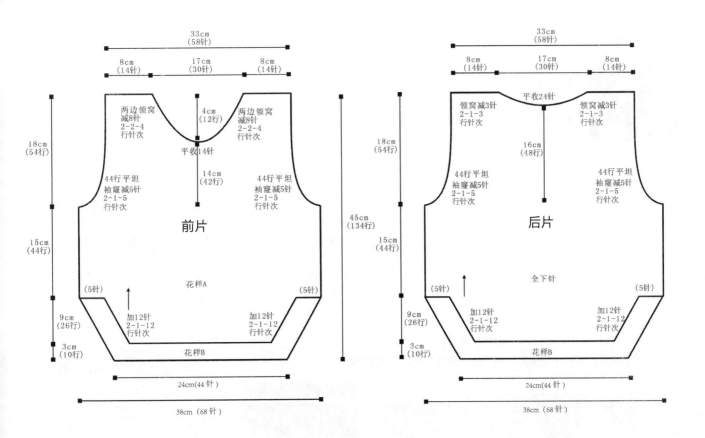

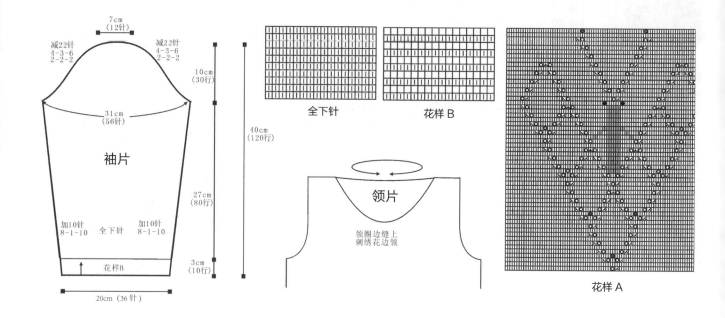

7cm
(12针)

减22针
4-3-6
2-2-2

减22针
4-3-6
2-2-2

10cm
(30行)

31cm
(56针)

40cm
(120行)

袖片

27cm
(80行)

加10针
8-1-10

全下针

加10针
8-1-10

花样B

3cm
(10行)

20cm（36针）

全下针

花样B

领片

领圈边缝上
刺绣花边领

花样A

中国风套头毛衣

【成品尺寸】衣长 45cm　胸围 72cm　连肩袖长 43cm

【工具】3.5mm 棒针　绣花针

【材料】红色、黑色羊毛绒线各若干

【密度】$10cm^2$：26 针 ×34 行

【制作过程】

1. 前片：用黑色线起 94 针，先织 10 行全下针，对折缝合，形成双层平针底边，然后继续织全下针，织 5cm 时改用红色线编织，侧缝不用加减针，织至 25cm 时左右两边开始按图减针成插肩袖，方法是：每 4 行减 2 针减 12 次，同时织至袖窿算起 15cm 时，进行领窝减针，中间平收 18 针后，两边减针，方法是：每 2 行减 2 针减 5 次，织至把针数减完。

2. 后片：插肩袖以下的织法与前片一样，同时织至袖窿算起 13cm 时，中间平收 32 针后，两边减针，方法是：每 2 行减 1 针减 3 次，织至把针数减完。

3. 袖片：先用黑色线起 52 针，先织 10 行全下针，对折缝合，形成双层平针底边，然后继续织全下针，织 5cm 时改用红色线编织，袖下按图加针，方法是：每 6 行减 1 针减 12 次，织至 22cm，两边平收 4 针后，进行袖山减针，方法是：每 2 行减 2 针减 12 次，织至 15cm 时顶部余 20 针。

4. 编织结束后，将前后片侧缝、袖片对应缝合。

5. 领圈用黑色线挑 128 针，织 3cm 单罗纹，形成圆领。

6. 装饰：用绣花针，按照十字绣的绣法，绣上花样图案。编织完成。

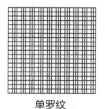

单罗纹

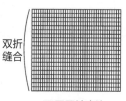

全下针

双折
缝合

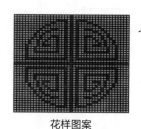

双层平针底边

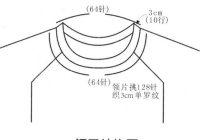

花样图案

(64针)

3cm
(10行)

(64针)领片挑128针
织3cm单罗纹

领子结构图

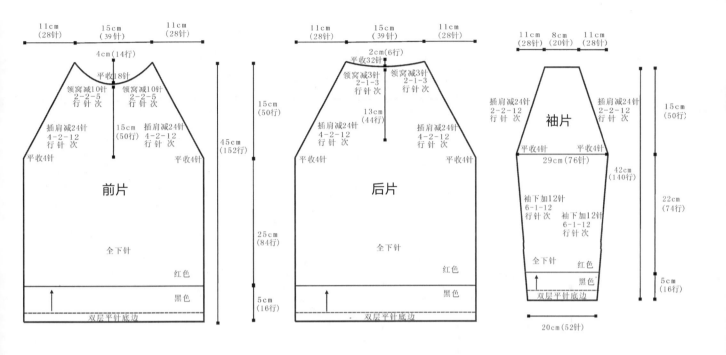

前片

11cm（28针）　15cm（39针）　11cm（28针）

4cm(14行)

平收18针

领窝减10针　领窝减10针
2-2-5　2-2-5
行针次　行针次

插肩减24针　插肩减24针
4-2-12　4-2-12
行针次　行针次

15cm（50行）

平收4针　平收4针

全下针

红色

黑色

双层平针底边

45cm（152行）

15cm（50行）

25cm（84行）

5cm（16行）

后片

11cm（28针）　15cm（39针）　11cm（28针）

2cm(6行)
平收32针

领窝减3针　领窝减3针
2-1-3　2-1-3
行针次　行针次

13cm（44行）

插肩减24针　插肩减24针
4-2-12　4-2-12
行针次　行针次

平收4针　平收4针

全下针

红色

黑色

双层平针底边

袖片

11cm（28针）　8cm（20针）　11cm（28针）

插肩减24针　插肩减24针
2-2-12　2-2-12
行针次　行针次

平收4针　平收4针
29cm（76针）

袖下加12针　袖下加12针
6-1-12　6-1-12
行针次　行针次

全下针

红色

黑色

双层平针底边

20cm（52针）

15cm（50行）

42cm（140行）

22cm（74行）

5cm（16行）

童趣一字领毛衣

【成品尺寸】衣长 41cm　胸围 70cm　袖长 3cm
【工具】3.5mm 棒针　缝衣针
【材料】红色羊毛绒线若干　黄色和粉红色线各少许
【密度】10cm² : 30 针 × 44 行
【附件】刺绣的装饰图案 1 个

【制作过程】

1. 领口环形片:用下针起针法起 120 针,织全下针,并开始分前后片和两边袖片,每分片的中间留 2 针径,按花样 A 加针,方法是:每 2 行加 1 针加 34 次,织完 17cm 时,织片的针数为 392 针,环形片完成。

2. 开始分出前片、后片和两片袖片。前片:分出 105 针,继续织全下针,侧缝不用加减针,织 24cm 后,改织 2cm 花样 B,收针断线。
后片:分出 105 针,方法与前片一样。

3. 袖片:左袖片分出 90 针,织全下针,袖下减针,方法是:每 10 行减 1 针减 9 次,织至 18cm 时,收针断线,注意在编织途中织 4 行花样 A。同样方法编织右袖片。

4. 缝合:将前片的侧缝和后片的侧缝缝合。两袖片的袖下分别缝合。编织完成。

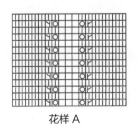

花样 A

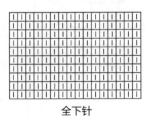

全下针

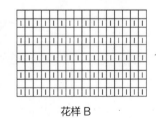

花样 B

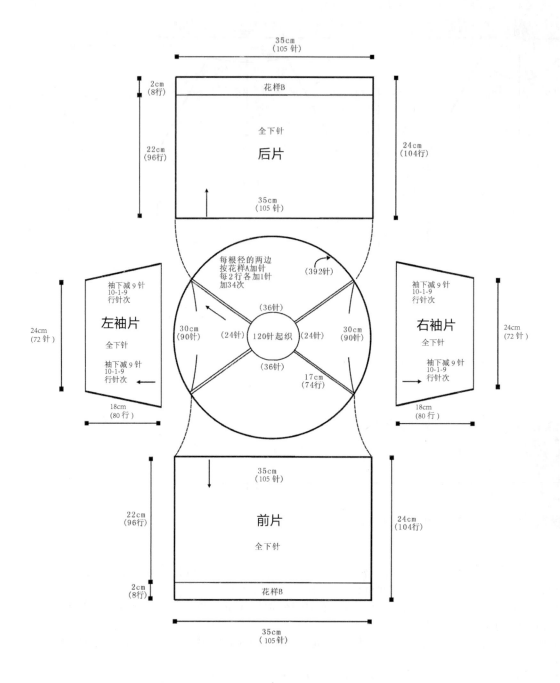

35cm
(105针)

2cm
(8行)

花样B

24cm
(104行)

全下针

后片

22cm
(96行)

35cm
(105针)

每根径的两边
按花样A加针
每2行各加1针
加34次

(392针)

袖下减9针
10-1-9
行针次

左袖片

全下针

(36针)

(24针) 120针起织 (24针)

30cm
(90针)

30cm
(90针)

24cm
(72针)

袖下减9针
10-1-9
行针次

右袖片

全下针

袖下减9针
10-1-9
行针次

24cm
(72针)

袖下减9针
10-1-9
行针次

(36针)

18cm
(80行)

17cm
(74行)

18cm
(80行)

35cm
(105针)

22cm
(96行)

前片

全下针

24cm
(104行)

2cm
(8行)

花样B

35cm
(105针)

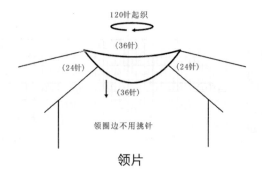

120针起织

(36针)

(24针)

(24针)

(36针)

领圈边不用挑针

领片

波浪纹小翻领毛衣

【成品尺寸】衣长 40cm　下摆宽 36cm　袖长 14cm
【工具】3.5mm 棒针　绣花针
【材料】黄色羊毛绒线若干　红色线少许
【密度】10cm² : 24 针 ×38 行
【附件】纽扣 1 枚

【制作过程】

1. 前片：(1) 用下针起针法起 86 针，编织 2cm 花样 C 后，改织花样 B，侧缝不用加减针，织 24cm 至袖窿。并在织片的中间打皱褶，至 31cm 后，改织花样 A。

(2) 袖窿以上：两边袖窿平收 5 针后减针，方法是：每 2 行减 1 针减 6 次，各减 6 针，余下针数不加不减织 38 行。

从袖窿算起织至 4cm 时，中间平收 4 针，分两片织 4cm 后，开始两边领窝减针，方法是：每 2 行减 1 针减 10 次，各减 10 针，不加不减织 4 行至肩部余 14 针。

2. 后片：(1) 袖窿和袖窿以下编织方法与前片袖窿一样。

(2) 织片打皱褶后，改织花样 A，织至袖窿算起 12cm 时，开后领窝，中间平收 18 针，两边减针，方法是：每 2 行减 1 针减 3 次，织至两边肩部余 14 针。

3. 袖片：用下针起针法，起 56 针，织 2cm 花样 C 后，改织花样 B，然后分散加针至 30cm，织至 3cm 时开始袖山减针，方法是：平收 5 针后，每 2 行减 1 针减 15 次，至顶部余 32 针。

4. 缝合：将前片的侧缝与后片的侧缝对应缝合。前片的肩部与后片的肩部缝合，两边袖片的袖下缝后，分别与衣片的袖边缝合。

5. 两边门襟横向挑针，各挑 14 针，织 6 行花样 C，门襟底部叠压缝合。

6. 领子：领圈边挑 80 针，织 26 行花样 D，形成翻领，在翻领的边沿织 4 行花样 C。

7. 口袋：起 20 针，先织 8cm 花样 D，中间打皱褶后，改织 2cm 花样 C，并在口袋的边缘挑适合的针数，织 2cm 全下针，形成卷边。

8. 缝上纽扣。编织完成。

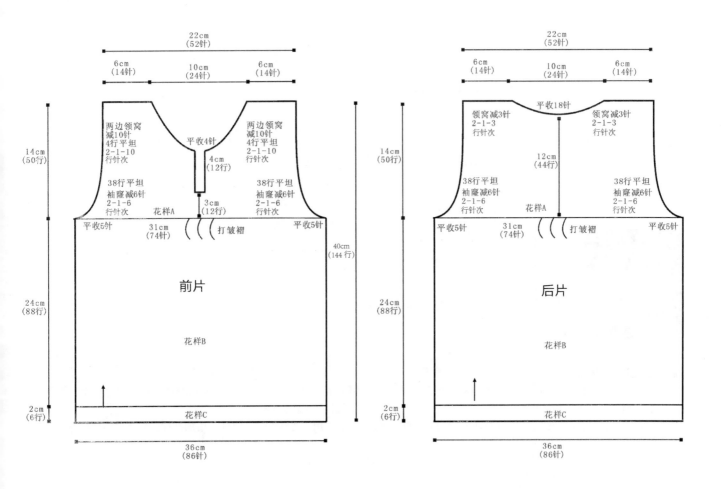

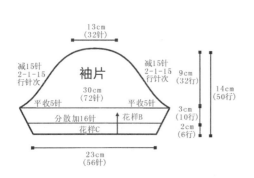

13cm
（32针）

袖片

减15针
2-1-15
行针次

减15针
2-1-15
行针次

9cm
（32行）

14cm
（50行）

30cm
（72针）

平收5针

平收5针

3cm
（10行）

分散加16针

花样B

花样C

2cm
（6行）

23cm
（56针）

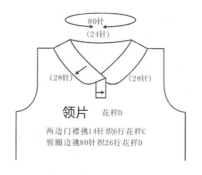

80针
（24针）

（28针）

（28针）

领片

花样D

两边门襟挑14针织6行花样C
领圈边挑80针织26行花样D

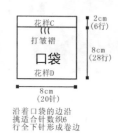

花样C

打皱褶

口袋

花样D

2cm
（6行）

8cm
（28行）

8cm
（20针）

沿着口袋的边沿
挑适合针数织6
行全下针形成卷边

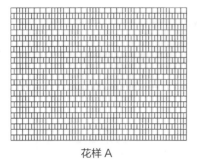

花样 A

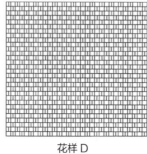

花样 D

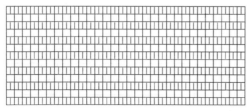

花样 C

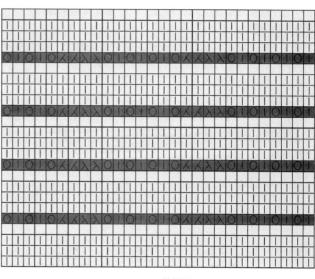

花样 B

条纹短袖毛衣

【成品尺寸】 衣长 37cm　下摆宽 30cm　连肩袖长 17cm

【工具】 3.5mm 棒针

【材料】 玫红色羊毛绒线若干　灰色线少许

【密度】 10cm²：28 针 ×40 行

【附件】 改织花朵 1 朵

【制作过程】

1. 领口环形片：用下针起针法起 108 针，环织 10 行单罗纹，作为圆领，然后改织花样 A，并开始分前后片和两边袖片，每分片的中间留 2 针径，在径的两边加针，织完 12cm 时，织片的针数为 308 针，环形片完成。

2. 开始分出前片、后片和两片袖片。(1) 前片：分出 84 针，织花样 B，并用灰色线配色，侧缝不用加减针，织至 25cm 时，收针断线。

(2) 后片：分出 84 针，方法与前片一样。

3. 袖片：左袖片分出 70 针，先织 2cm 花样 B 后，改织 3cm 单罗纹，收针断线。用同样方法编织右袖片。

4. 缝合：将前片的侧缝和后片的侧缝缝合。两袖片的袖下分别缝合。

5. 缝上改织花朵。编织完成。

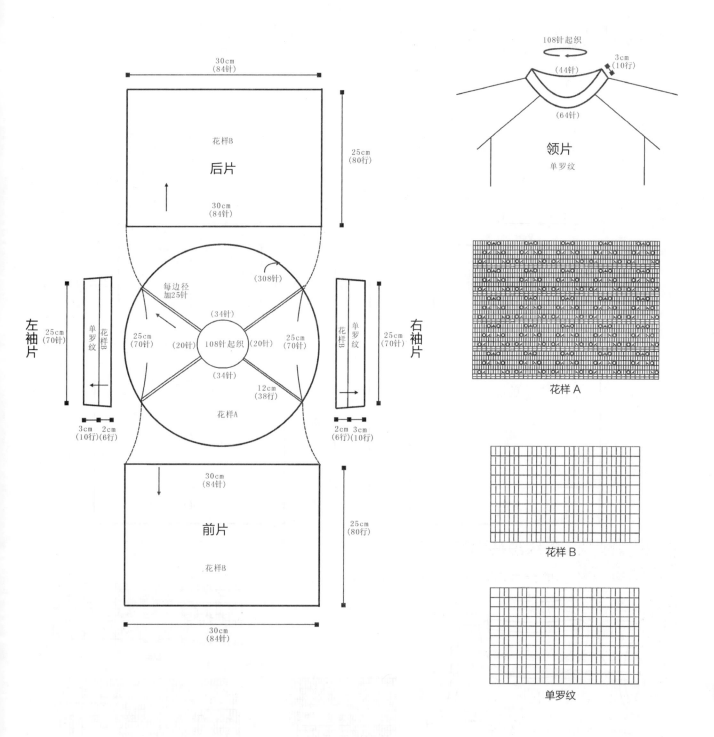

108针起织

(44针)

3cm
(10行)

(64针)

领片

单罗纹

30cm
(84针)

花样B

后片

25cm
(80行)

30cm
(84针)

(308针)

每边径
加25针

(34针)

25cm
(70针)

左袖片

单罗纹

花样B

25cm
(70针)

(20针)

108针起织

(20针)

25cm
(70针)

花样B

单罗纹

25cm
(70针)

右袖片

(34针)

12cm
(38行)

花样A

3cm 2cm
(10行)(6行)

2cm 3cm
(6行)(10行)

30cm
(84针)

前片

25cm
(80行)

花样B

30cm
(84针)

花样 A

花样 B

单罗纹

大耳朵图图背心

【成品尺寸】衣长 41cm　胸宽 35cm
【工具】3.5mm 棒针　缝衣针
【材料】红色羊毛绒线若干　灰色、白色、咖啡色线各少许
【密度】10cm² : 26 针 ×36 行
【附件】手编绳子 2 根　钩花 1 朵　绣花图案 1 个

【制作过程】

1. 前片:先用咖啡色线起 91 针,织花样 B,再换红色线织完 5cm 花样 B 后,改织花样 A,并配色,织 20cm 后进行袖窿以上的编织,两边各平收 6 针后袖窿减针,方法是:每 2 行减 1 针减 10 次,各减 10 针,平织 38 行至肩部。同时在袖窿算起 7cm 时,中间平收 14 针后,领窝减针,方法是:每 2 行减 2 针减 6 次,平织 8 行,至肩部余 10 针。

2. 后片:袖窿以下和袖窿减针的织法与前片一样。领窝的织法:在袖窿算起 14cm 时,平收 32 针,领窝减针,方法是:每 2 行减 1 针减 3 次,至肩部余 10 针。

3. 编织结束后,将前后片侧缝、肩部对应缝合。

4. 领圈挑 102 针,织 2cm 全下针,对折缝合,形成双层圆领。两袖口分别挑 84 针,织 2cm 全下针,对折缝合,形成双层袖口。

5. 用缝衣针缝上手编绳子、钩花和刺绣图案。编织完成。

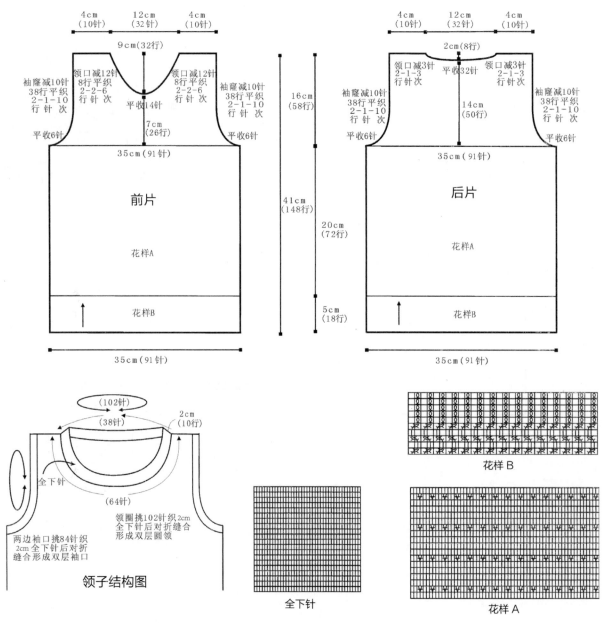

可爱男款连帽外套

【成品尺寸】衣长 43cm　胸围 64cm　袖长 42cm

【工具】3.5mm 棒针　绣花针

【材料】绿色、白色羊毛绒线各若干

【密度】10cm²：22 针 ×30 行

【附件】拉链 1 条　帽子毛线球 1 个　毛线球绳子 1 根

【制作过程】

1. 前片：分左右 2 片编织。左前片：(1) 下针起针法起 44 针，先织 6cm 双罗纹后，改织全下针，并配色，侧缝不用加减针，织至 25cm 时，两边袖窿平收 3 针后，进行袖窿减针，方法是：每 2 行减 1 针减 5 次，共减 5 针，不加不减织 26 行至肩部。

(2) 肩部平收 20 针，门襟余 16 针继续编织帽片，织至 17cm 收针断线。用同样方法编织右前片。

2. 后片：(1) 下针起针法起 88 针，先织 6cm 双罗纹后，改织全下针，并配色，侧缝不用加减针，织至 25cm 时，两边袖窿平收 3 针后，进行袖窿减针，方法与前片袖窿一样，不加不减织 26 行至肩部。

(2) 两边肩部平收 12 针，中间 32 针继续编织帽片，织至 17cm 收针断线。

3. 袖片编织：起 36 针，先织 6cm 双罗纹后，改织花样 B，袖下减针，方法是：每 6 行减 1 针减 12 次，织至 24cm 改织花样 A，织至 6cm 时两边各平收 3 针后，进行袖山减针，方法是：每 2 行减 1 针减 18 次，至顶部与 18 针。

4. 缝合：前后片的侧缝和肩部对应缝合，帽顶对应缝合。袖片的袖下缝合后与身片的袖口缝合。

5. 缝上拉链和帽子毛线球，穿上毛线球绳子。编织完成。

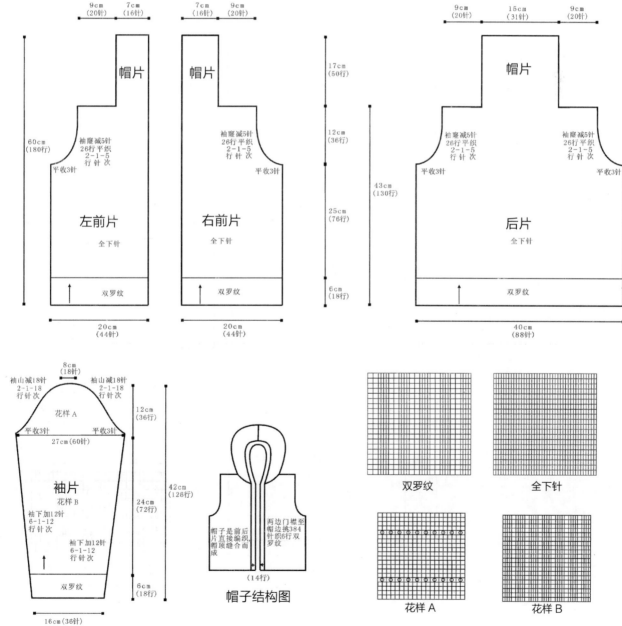

白色花朵淑女毛衣

【成品尺寸】 衣长 41cm　下摆宽 31cm　连肩袖长 39cm
【工具】 3.5mm 棒针　钩针
【材料】 白色羊毛绒线若干
【密度】 10cm² : 26 针 × 40 行
【附件】 钩花若干朵　领圈绳子 1 根

【制作过程】

1. 领口环形片：用下针起针法起 98 针，环织花样 A，并按花样 A 加针，在花样 A 的上针处加针，每行加 18 针，隔 6 行加 1 次，共加 11 次，织完 15cm 时，织片的针数为 296 针，环形片完成。

2. 开始分出前片、后片和两片袖片。(1) 前片：分出 80 针，织 22cm 花样 B 后，改织 4cm 单罗纹，侧缝不用加减针，收针断线。(2) 后片：分出 80 针，编织方法与前片一样。

3. 袖片：左袖片分出 68 针，织花样 B，袖下减针，方法是：每 6 行减 1 针减 14 次，织至 24cm 时，改织 4cm 单罗纹，收针断线。用同样方法编织右袖片。

4. 缝合：将前片的侧缝和后片的侧缝缝合。两袖片的袖下分别缝合。

5. 前后片缝上钩针花朵。系上领圈绳子。编织完成。

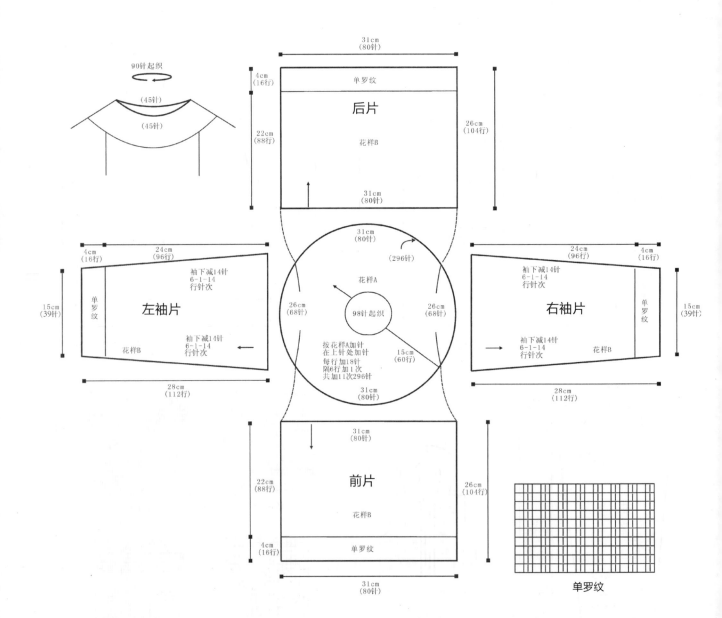

宝宝的贴心
手工毛衣

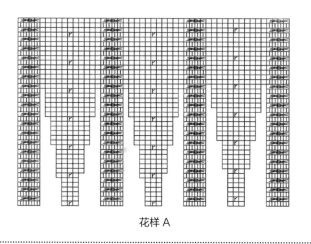

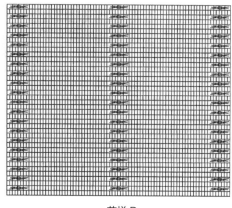

花样 A

花样 B

灰边系带毛衣

【成品尺寸】衣长 42cm　胸围 64cm　袖长 35cm

【工具】3.5mm 棒针　缝衣针

【材料】粉红色羊毛绒线若干　灰色线少许

【密度】10cm²：30 针 ×38 行

【附件】纽扣 3 枚　编织绳子 1 根

【制作过程】

1. 前片：分左右 2 片编织，左前片：用灰色线起 48 针，织 3cm 花样 B，然后改用粉红色线织花样 A，侧缝不用加减针，织至距袖窿 6 行时改织全下针，22cm 时，开始袖窿以上编织。袖窿平收 4 针，开始按图收成袖窿，减针方法是：每 2 行减 2 针减 6 次，平织 52 行至肩部。同时在袖窿算起，织至 10cm 时平收 4 针后开领窝，方法是：每 2 行减 1 针减 14 次，织至肩部余 14 针。用同样方法对应编织右前片。

2. 后片：用灰色线起 96 针，织 3cm 花样 B，然后改用粉红色线织花样 A，侧缝不用加减针，织至距袖窿 6 行时改织全下针，织 22cm 时，开始袖窿以上编织，左右两边各平收 4 针，开始按图收成袖窿，减针方法与前片袖窿一样。同时在袖窿算起织 15cm 时，中间平收 30 针开领窝，减针方法是：每 2 行减 1 针减 3 次，织至肩部余 14 针。

3. 袖片：用灰色线起 48 针，织 3cm 花样 B 后，改用粉红色线织花样 A，袖下两边按图加针，加针方法是：每 8 行加 1 针加 10 次，织至距袖窿 6 行时改织全下针，22cm 时两边各平收 4 针，按图示均匀减针，收成袖山，减针方法是：每 2 行减 1 针减 18 次，织至顶部余 32 针。

4. 编织结束后，将前后片侧缝、肩部、袖片对应缝合。

5. 领子：领圈边挑 116 针，织 8cm 花样 C，最后织 4 行来回针。

6. 门襟：两边门襟分别用灰色线挑 104 针，织 3cm 花样 B，右前片均匀地开纽扣孔。两片衣袋另织，起 30 针，织 8cm 花样 C，袋口织 4 行来回针，并在另外三面钩上花边缝合于两前片。

7. 装饰：用缝衣针缝上纽扣，系上编织绳子。编织完成。

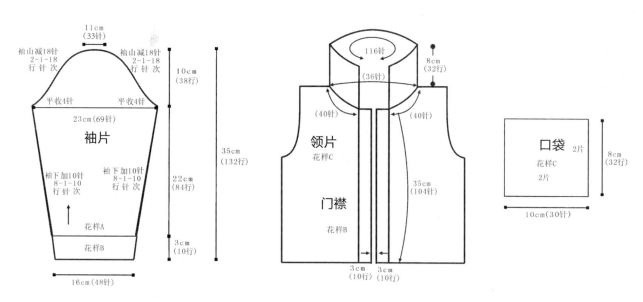

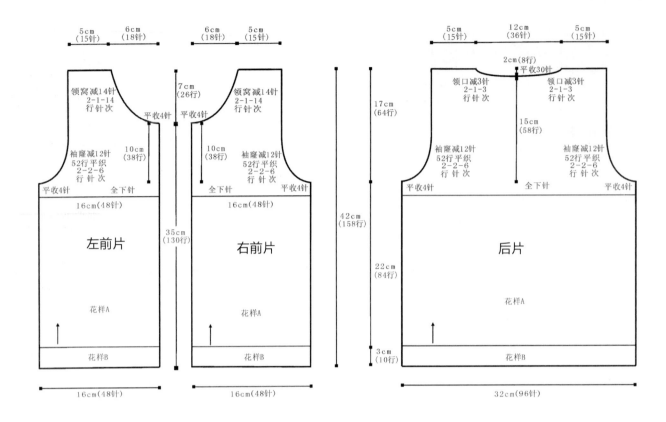

左前片

16cm(48针)
35cm(130行)

领窝减14针
2-1-14
行针次

平收4针

袖窿减12针
52行平织
2-2-6
行针次

平收4针 全下针

16cm(48针)

花样A

花样B

5cm(15针) 6cm(18针)

10cm(38行)

右前片

16cm(48针)

领窝减14针
2-1-14
行针次

7cm(26行) 平收4针 平收4针

袖窿减12针
52行平织
2-2-6
行针次

全下针 平收4针

16cm(48针)

花样A

花样B

6cm(18针) 5cm(15针)

10cm(38行)

42cm(158行)

22cm(84行)

3cm(10行)

后片

领口减3针
2-1-3
行针次

平收30针
2cm(8行)

领口减3针
2-1-3
行针次

袖窿减12针
52行平织
2-2-6
行针次

平收4针 全下针 平收4针

17cm(64行)

15cm(58行)

花样A

花样B

32cm(96针)

5cm(15针) 12cm(36针) 5cm(15针)

袖窿减12针
52行平织
2-2-6
行针次

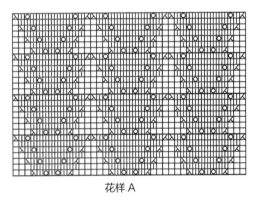

花样 A

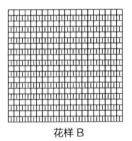

花样 B

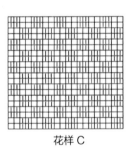

花样 C

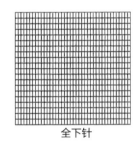

全下针

泡泡袖卡通外套

【成品尺寸】衣长 42cm　胸围 74cm　连肩袖长 36cm
【工具】3.5mm 棒针　绣花针
【材料】红色羊毛绒线若干
【密度】10cm² : 20 针 ×28 行
【附件】纽扣 6 枚　刺绣图案 2 个

【制作过程】
1. 毛衣是从领圈往下编织，用下针起针法起 50 针，每行加 6 针，加至 92 针，作为领子，然后织花样 A，其中两边各留 8 针织花样 C 作为门襟，其余按花样 A 加针，织至 18cm 时，针数为 272 针。开始分前后片和袖片。
2. 前片：分左右 2 片编织，左前片：分出 37 针，织全下针，侧缝不用加减针，门襟继续织花样 C，并均匀开纽扣孔，织至 21cm 时改织 3cm 花样 B，收针断线。同样方法编织右前片。
3. 后片：分出 74 针，织全下针，侧缝不用加减针，织至 21cm 时改织 3cm 花样 B，收针断线。
4. 袖片：分出 62 针，织全下针，袖下减针，方法是：每 2 行减 1 针减 9 次，至 8cm 时针数为 44 针，即分散加 12 针至 56 针，继续编织 9cm 时，改织 1cm 花样 B，收针断线。同样方法编织另一袖片。
5. 装饰：前片分别缝上刺绣图案，缝上纽扣。编织完成。

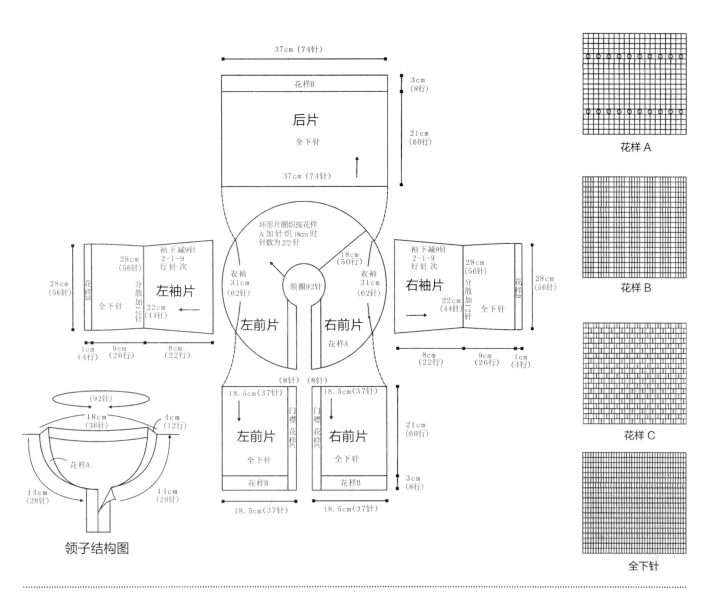

花样 A

花样 B

花样 C

全下针

37cm (74针)

花样B

后片

全下针

37cm (74针)

3cm (8行)

21cm (60行)

环形片圈织按花样A加针织18cm时针数为272针

领圈92针

18cm (50行)

袖下减9针 2-1-9 行针次

28cm (56针)

左袖片

分散加12针

全下针

22cm (44针)

28cm (56针)

花样B

衣袖 31cm (62针)

左前片

右前片

花样A

衣袖 31cm (62针)

袖下减9针 2-1-9 行针次

28cm (56针)

右袖片

分散加12针

全下针

22cm (44针)

28cm (56针)

花样B

1cm (4行) 9cm (26行) 8cm (22行)

8cm (22行) 9cm (26行) 1cm (4行)

(8针) (8针)

18.5cm(37针)

左前片

全下针

花样B

右前片

全下针

花样B

门襟花样C

门襟花样C

18.5cm(37针)

21cm (60行)

3cm (8行)

18.5cm(37针) 18.5cm(37针)

(92针)

18cm (36针)

4cm (12行)

花样A

14cm (28针)

14cm (28针)

领子结构图

双色拼接连帽外套

【成品尺寸】衣长 33cm　胸围 30cm　连肩袖长 43cm

【工具】3.5mm 棒针　缝衣针

【材料】蓝色、白色羊毛绒线各若干

【密度】10cm^2：26 针 ×34 行

【附件】拉链 1 条

【制作过程】

1. 前片：(1) 左前片：用下针起针法，起 39 针，织 5cm 双罗纹后，织全下针，并编入前片图案，侧缝不用加减针，织 18cm 至插肩袖窿。

(2) 袖窿以上的编织：袖窿平收 6 针后，减 22 针，方法是：每 2 行减 2 针减 11 次。

(3) 从插肩袖窿算起，织至 8cm 时，开始领窝减 12 针，方法是：每 2 行减 2 针减 6 次，织至肩部全部针数收完。用同样方法编织右前片。

2. 后片：(1) 用下针起针法，起 78 针，织 5cm 双罗纹后，改织全下针，侧缝不用加减针，织 18cm 至插肩袖窿。

(2) 袖窿以上的编织。两边袖窿平收 6 针后减 11 针，方法是：每 2 行减 1 针减 11 次。领窝不用减针，余 24 针。

3. 袖片：用下针起针法，起 52 针，织 5cm 双罗纹后，改织全下针，两边袖下加针，方法是：每 6 行加 1 针加 12 次，织至 26cm 开始插肩减针，方法是：每 2 行减 2 针减 11 次，至肩部余 32 针，同样方法编织另一袖片。

4. 缝合：将前片的侧缝与后片的侧缝对应缝合。袖片的袖下分别缝合，袖片的插肩部与衣片的插肩部缝合。

5. 领圈边挑 112 针，织 24cm 全下针，顶部缝合，形成帽子。

6. 两边门襟至帽檐挑 170 针，织 4 行单罗纹，形成拉链边。

7. 装饰：缝上拉链。编织完成。

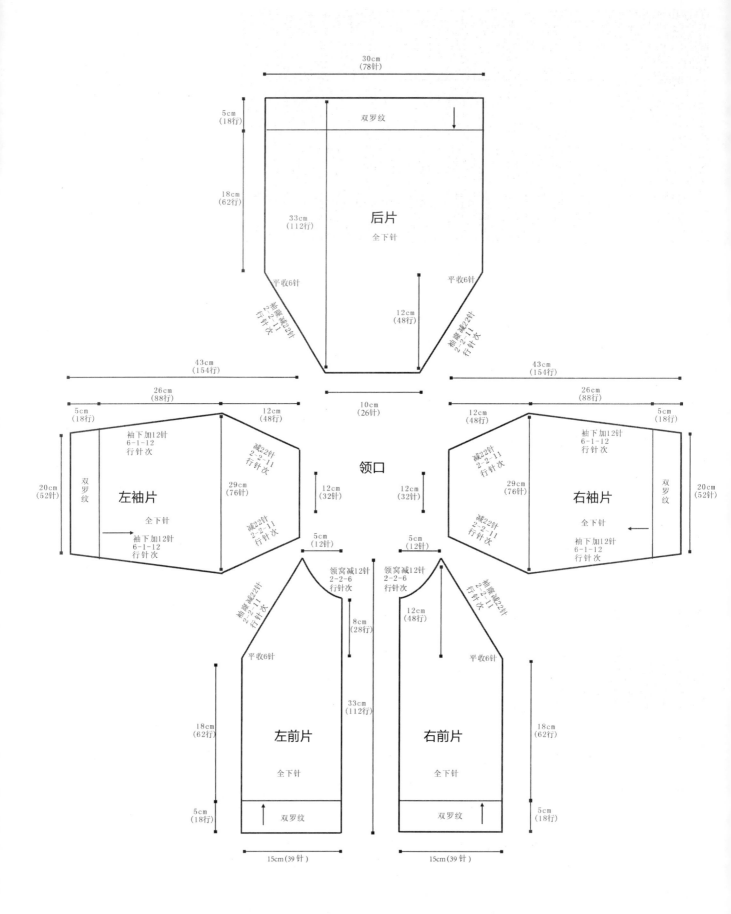

30cm
(78针)

5cm
(18行)

双罗纹

18cm
(62行)

33cm
(112行)

后片

全下针

平收6针

平收6针

袖窿减22针
2-2-11
行针次

袖窿减22针
2-2-11
行针次

12cm
(48行)

43cm
(154行)

43cm
(154行)

26cm
(88行)

10cm
(26针)

26cm
(88行)

5cm
(18行)

12cm
(48行)

领口

12cm
(48行)

5cm
(18行)

袖下加12针
6-1-12
行针次

减22针
2-2-11
行针次

减22针
2-2-11
行针次

袖下加12针
6-1-12
行针次

20cm
(52针)

双罗纹

左袖片

29cm
(76行)

12cm
(32行)

12cm
(32行)

29cm
(76行)

右袖片

双罗纹

20cm
(52针)

全下针

减22针
2-2-11
行针次

全下针

袖下加12针
6-1-12
行针次

袖下加12针
6-1-12
行针次

袖窿减22针
2-2-11
行针次

5cm
(12针)

5cm
(12针)

袖窿减22针
2-2-11
行针次

领窝减12针
2-2-6
行针次

领窝减12针
2-2-6
行针次

8cm
(28行)

12cm
(48行)

平收6针

平收6针

33cm
(112行)

18cm
(62行)

左前片

右前片

18cm
(62行)

全下针

全下针

5cm
(18行)

双罗纹

双罗纹

5cm
(18行)

15cm(39针)

15cm(39针)

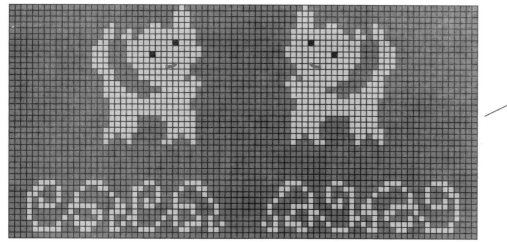

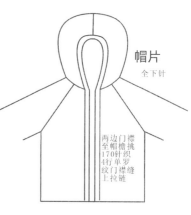

帽片
全下针

两边门襟
至帽檐挑
170针织
4行单罗
纹门襟缝
上拉链

前片图案

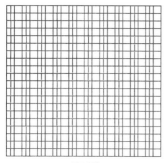

单罗纹

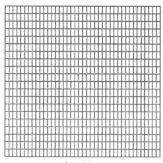

全下针

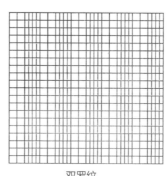

双罗纹

A　　B

帽片　全下针

24cm
(62针)

22cm　22cm
(56针)(56针)

树叶花纹系带毛衣

【成品尺寸】衣长 38cm　下摆宽 28cm　袖长 35cm
【工具】3.5mm 棒针
【材料】黄色羊毛绒线若干
【密度】10cm² : 28 针 ×34 行
【附件】装饰绳子 1 根

【制作过程】

1. 前片：(1) 先分 2 片编织，分别用下针起针法，起 39 针，编织 4cm 花样 B 后，改织花样 A，织至 12cm 时，两片合并编织，侧缝不用加减针，织 18cm 至袖窿。
(2) 袖窿以上：两边袖窿平收 5 针后减针，方法是：每 2 行减 1 针减 6 次，各减 6 针，余下针数不加不减织 42 行。
(3) 从袖窿算起织至 9cm 时，开始开领窝，中间平收 14 针，然后两边减针，方法是：每 2 行减 1 针减 7 次，各减 7 针，不加不减织 10 行至肩部余 14 针。
2. 后片：(1) 用下针起针法，起 78 针，织 4cm 花样 B 后，改织花样 A，织 18cm 至袖窿，进行袖窿减针，减针方法与前片袖窿一样。
(2) 织至袖窿算起 14cm 时，开后领窝，中间平收 24 针，两边减针，方法是：每 2 行减 1 针减 2 次，织至两边肩部余 14 针。
3. 袖片：用下针起针法，起 50 针，织 4cm 花样 B 后，改织花样 A，袖下加针，方法是：每 10 行加 1 针加 7 次，织至 22cm 时，两边平收 5 针后，开始袖山减针，方法是：每 2 行减 1 针减 6 次，每 2 行减 2 针减 8 次，至顶部余 12 针。
4. 缝合：将前片的侧缝与后片的侧缝对应缝合。前片的肩部与后片的肩部缝合，两边袖片的袖下缝后，分别与衣片的袖边缝合。
5. 领子：领圈边挑 98 针，环织 2cm 花样 C，形成圆领。
6. 装饰：前片下摆处系上装饰绳子。编织完成。

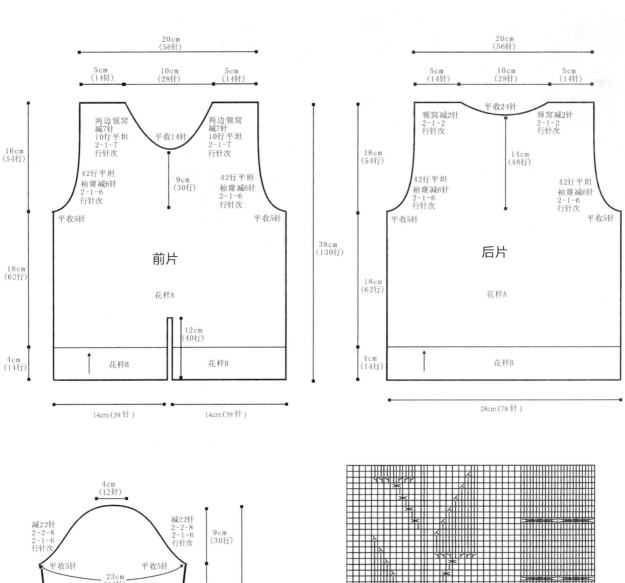

20cm
(56针)

5cm
(14针)　10cm
(28针)　5cm
(14针)

16cm
(54行)

两边领窝
减7针
10行平坦
2-1-7
行针次

平收14针

两边领窝
减7针
10行平坦
2-1-7
行针次

42行平坦
袖窿减6针
2-1-6
行针次

9cm
(30行)

42行平坦
袖窿减6针
2-1-6
行针次

平收5针　　　　　平收5针

前片

38cm
(130行)

18cm
(62行)

花样A

12cm
(40行)

4cm
(14行)　花样B　　花样B

14cm(39针)　　　14cm(39针)

20cm
(56针)

5cm
(14针)　10cm
(28针)　5cm
(14针)

16cm
(54行)

平收24针

领窝减2针
2-1-2
行针次

领窝减2针
2-1-2
行针次

14cm
(48行)

42行平坦
袖窿减针
2-1-6
行针次

42行平坦
袖窿减6针
2-1-6
行针次

平收5针　　　　　平收5针

后片

18cm
(62行)

花样A

4cm
(14行)　花样B

28cm(78针)

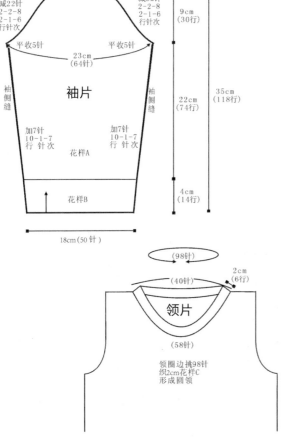

4cm
(12针)

减22针
2-2-8
2-1-6
行针次

减22针
2-2-8
2-1-6
行针次

9cm
(30行)

平收5针　　平收5针

23cm
(64针)

袖片

35cm
(118行)

22cm
(74行)

袖侧缝　　　　　　袖侧缝

加7针
10-1-7
行　针次

加7针
10-1-7
行　针次

花样A

花样B

4cm
(14行)

18cm(50针)

(98针)

(40针)　2cm
(6行)

领片

(58针)

领圈边挑98针
织2cm花样C
形成圆领

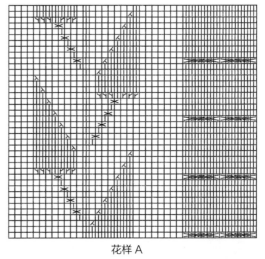

花样 A

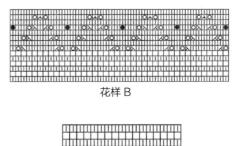

花样 B

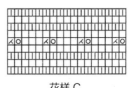

花样 C

宝宝的贴心
手工毛衣

学院风格子毛衣

【成品尺寸】衣长 40cm 胸围 32cm 袖长 31cm
【工具】3.5mm 棒针
【材料】白色、蓝色羊毛绒线各若干
【密度】10cm² : 28 针 ×36 行

【制作过程】
1. 前片：按图用蓝色线，机器边起针法起 90 针，织 4cm 单罗纹后，改织全下针，并用白色线配色，织至 20cm 时左右两边平收 4 针后，进行袖窿减针，方法是：每 2 行减 1 针减 6 次，各减 6 针，不加不减织 46 行。同时织至袖窿算起 10cm 时，中间平收 22 针后，开始领窝减针，方法是：每 2 行减 2 针减 5 次，各减 10 针，至肩部余 14 针。
2. 后片：按图用蓝色线，机器边起针法起 90 针，织 4cm 单罗纹后，改织全下针，并用白色线配色，织至 20cm 时左右两边平收 4 针进行袖窿减针，方法与前片袖窿一样，同时织至袖窿算起 14cm 时，中间平收 36 针后，开始领窝减针，方法是：每 2 行减 1 针减 3 次，各减 3 针，至肩部余 14 针。
3. 袖片：按图用蓝色线，机器边起针法起 50 针，织 4cm 单罗纹后，改织全下针，并用白色线配色，袖下按图加针，方法是：每 6 行加 1 针加 11 次，织至 20cm 时两边同时平收 4 针，开始袖山减针，方法是：每 2 行减 1 针减 24 次，共减 24 针，至顶部余 16 针。
4. 编织结束后，将前后片侧缝、肩部、袖片对应缝合。
5. 领圈边用蓝色线，挑 124 针，织 10 行单罗纹，形成圆领。编织完成。

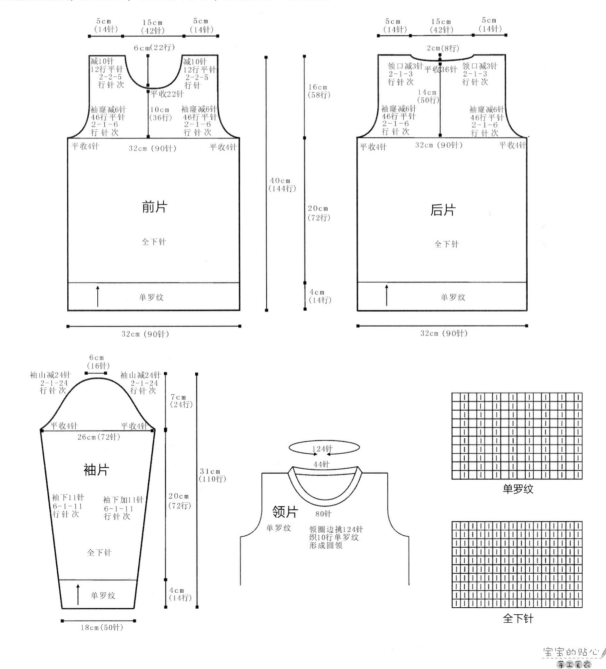

红色小翻领毛衣

【成品尺寸】衣长 39cm　胸围 64cm　袖长 35cm
【工具】3.5mm 棒针　缝衣针
【材料】红色羊毛绒线若干
【密度】10cm² : 30 针 ×38 行
【附件】纽扣 5 枚

【制作过程】
1. 前片：分左右 2 片编织，左前片：用下针起针法起 57 针，织花样 B，侧缝不用加减针，织至距袖窿 6 行时，打皱褶减 10 针，并改织花样 A，22cm 时，开始袖窿以上编织。袖窿平收 4 针，开始按图进行袖窿减针，方法是：每 2 行减 2 针减 6 次，平织 52 行至肩部。同时在袖窿算起，织至 10cm 时平收 4 针后领窝减针，方法是：每 2 行减 1 针减 14 次，织至肩部余 14 针。用同样的方法对应编织右前片。
2. 后片：用下针起针法起 114 针，织花样 B，侧缝不用加减针，织至距袖窿 6 行时，打皱褶减 20 针，并改织花样 A，22cm 时，开始袖窿以上编织，左右两边各平收 4 针，开始按图收成袖窿，减针方法与前片袖窿一样。同时在袖窿算起织至 15cm 时，中间平收 30 针开领窝，减针方法是：每 2 行减 1 针减 3 次，织至肩部余 15 针。
3. 袖片：用下针起针法起 48 针，织花样 B，袖下两边按图加针，加针方法是：每 8 行加 1 针加 10 次，织至 25cm 时两边各平收 4 针，并改织花样 A，按图示均匀减针，收成袖山，减针方法是：每 2 行减 1 针减 18 次，织至顶部余 33 针。
4. 编织结束后，将前后片侧缝、肩部、袖片对应缝合。
5. 领子：领圈边挑 116 针，织 8cm 花样 C，形成翻领。
6. 门襟：两边门襟挑 96 针，织 3cm 花样 C，再织 6 行全下针，形成自然卷边，右前片均匀地开纽扣孔。两片衣袋另织，起 30 针，织 8cm 花样 C，袋口织 4 行来回针，并在另外三面挑适合针数，织 6 行全下针，形成自然卷边，缝合于两前片。
7. 装饰：用缝衣针缝上纽扣。编织完成。

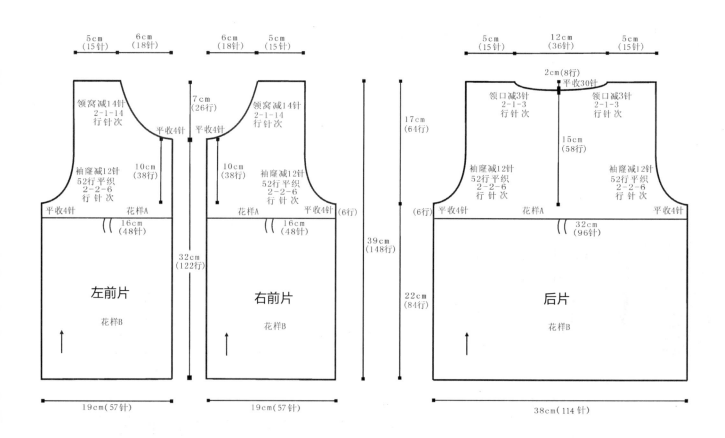

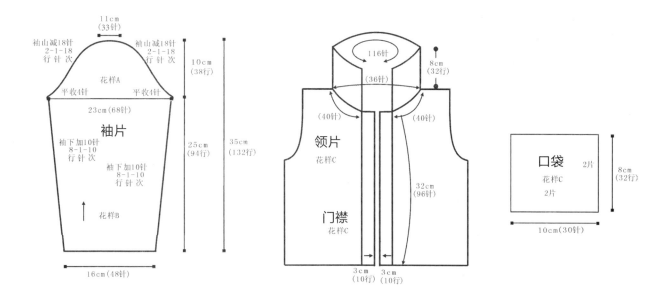

11cm
(33针)

袖山减18针
2-1-18
行针次

袖山减18针
2-1-18
行针次

花样A

10cm
(38行)

平收4针

平收4针

23cm(68针)

袖片

35cm
(132行)

25cm
(94行)

袖下加10针
8-1-10
行针次

袖下加10针
8-1-10
行针次

花样B

16cm(48针)

116针

8cm
(32行)

(36针)

(40针)

(40针)

领片
花样C

32cm
(96行)

门襟
花样C

3cm
(10行)

3cm
(10行)

口袋   2片
花样C
2片

8cm
(32行)

10cm(30针)

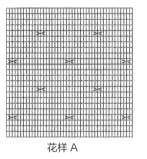

花样 A

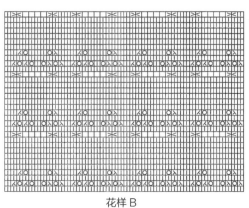

花样 B

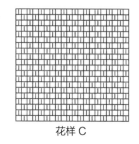

花样 C

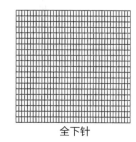

全下针

简约学院风背心

【成品尺寸】衣长 41cm　胸围 35cm

【工具】3.5mm 棒针　缝衣针

【材料】森林绿色羊毛绒线若干

【密度】10cm² : 26 针 ×36 行

【制作过程】

1. 前片：先用机器边起针法起 96 针，织 5cm 单罗纹，改织花样，织 20cm 后进行袖窿以上的编织，两边各平收 6 针后袖窿减针，方法是：每 2 行减 1 针减 10 次，各减 10 针，平织 38 行至肩部。同时在袖窿算起 7cm 时，中间平收 14 针后，领窝减针，方法是：每 2 行减 2 针减 9 次，各减 18 针，平织 8 行，至肩部余 13 针。

2. 后片：袖窿以下和袖窿减针的织法与前片一样。领窝的织法：在袖窿算起 14cm 时，平收 32 针，领窝减针，方法是：每 2 行减 1 针减 2 次，各减 2 针，至肩部余 13 针。

3. 编织结束后，将前后片侧缝、肩部对应缝合。

4. 领圈挑 132 针，按领口花样织 3cm 单罗纹，形成 V 领。两袖口分别挑 108 针，织 3cm 单罗纹。编织完成。

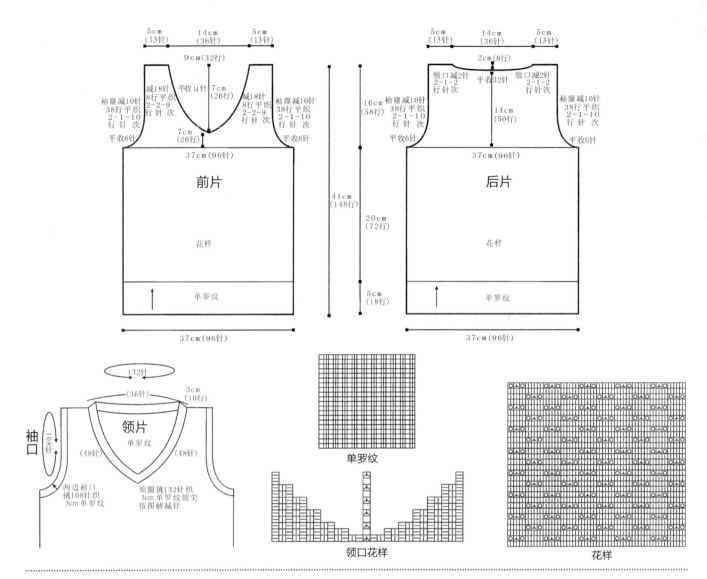

前片

花样

单罗纹

5cm (13针) 14cm (36针) 5cm (13针)
9cm (32行)
减18针 8行平织 2-2-9 行针次
收14针 7cm (26行)
袖窿减10针 38行平织 2-1-10 行针次
7cm (26行)
平收6针
37cm (96针)
41cm (148行)
37cm (96针)

后片

花样

单罗纹

5cm (13针) 14cm (36针) 5cm (13针)
2cm (8行)
领口减2针 2-1-2 行针次
平收32针
领口减2针 2-1-2 行针次
16cm (58行)
袖窿减10针 38行平织 2-1-10 行针次
14cm (50行)
平收6针
37cm (96针)
20cm (72行)
5cm (18行)
37cm (96针)

袖口 / 领片

132针
(36针)
3cm (10行)
领片 单罗纹
(48针) (48针)
108针
两边袖口挑108针织 3cm单罗纹
领圈挑132针织 3cm单罗纹领尖 按图解减针

单罗纹

领口花样

花样

卡通图案条纹外套

【成品尺寸】 衣长 46cm 胸围 84cm 袖长 42cm
【工具】 3.5mm 棒针 缝衣针
【材料】 红色羊毛绒线若干 浅灰色线少许
【密度】 10cm²：22 针 ×28 行
【附件】 纽扣 5 枚 前片钩织图案 2 个

【制作过程】

1. 前片：分左右 2 片编织，左前片：用红色线起 46 针，织 5cm 双罗纹，其中 4 行是红色线，8 行是浅灰色线，然后改织全下针，两种线均匀间色，侧缝不用加减针，织至 23cm 时，开始袖窿以上编织。袖窿平收 4 针，开始按图进行袖窿减针，减针方法是：每 2 行减 2 针减 5 次，平织 40 行至肩部。同时在袖窿算起，织至 10cm 时平收 4 针，进行领窝减针，方法是：每 2 行减 2 针减 7 次，织至肩部余 16 针。用同样方法对应编织右前片。

2. 后片：用红色线起 92 针，织 5cm 双罗纹，其中 4 行红色线，8 行浅灰色线，然后改用红色线织全下针，并编入后片图案，侧缝不用加减针，织至 23cm 时，开始袖窿以上编织，左右两边各平收 4 针，开始按图进行袖窿减针，减针方法与前片袖窿一样。同时在袖窿算起织 16cm 时，中间平收 30 针，进行领窝减针，减针方法是：每 2 行减 1 针减 3 次，织至肩部余 16 针。

3. 袖片：用红色线起 48 针，织 8cm 双罗纹，其中 4 行红色线，18 行浅灰色线，然后改织全下针，用两种线均匀间色，袖下两边按图加针，加针方法是：每 4 行加 1 针加 10 次，织至 21cm 时两边各平收 4 针，按图示均匀减针，收成袖山，减针方法是：每 2 行减 2 针减 6 次，每 2 行减 1 针减 12 次，织至顶部余 11 针。

4. 编织结束后，将前后片侧缝、肩部、袖片对应缝合。

5. 门襟：两边门襟分别用浅灰色线挑 84 针，织 5cm 双罗纹，最后 4 行用红色线，右前片均匀地开纽扣孔。

6. 领子：领圈边挑 106 针，织 16cm 双罗纹，最后 4 行用红色线。形成翻领。

7. 装饰：用缝衣针缝上纽扣，前片缝上钩织图案。编织完成。

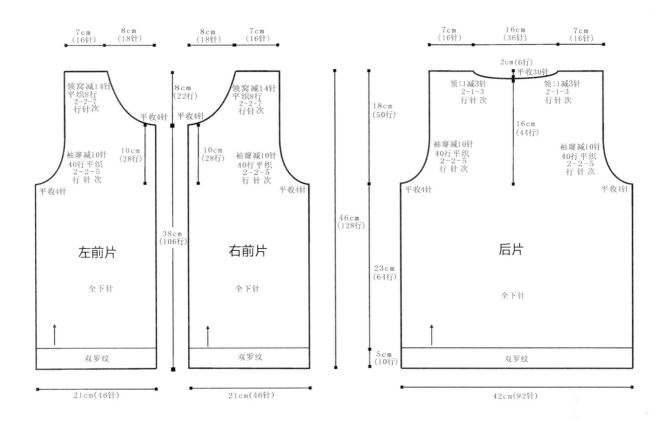

左前片　全下针　双罗纹

右前片　全下针　双罗纹

后片　全下针　双罗纹

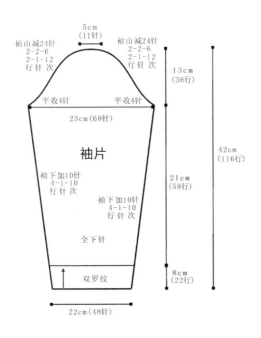

袖山减24针
2-2-6
2-1-12
行针次

袖山减24针
2-2-6
2-1-12
行针次

5cm
(11针)

13cm
(36行)

平收4针　平收4针

23cm(68针)

袖片

全下针

42cm
(116行)

21cm
(58行)

袖下加10针
4-1-10
行针次

袖下加10针
4-1-10
行针次

8cm
(22行)

双罗纹

22cm(48针)

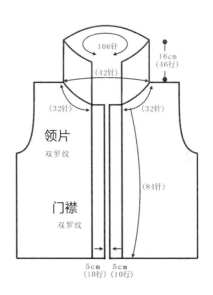

106针

(42针)

16cm
(46行)

(32针)　(32针)

领片
双罗纹

门襟
双罗纹

(84针)

5cm　5cm
(10行)(10行)

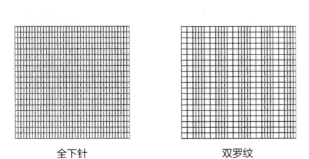

全下针　　　　双罗纹

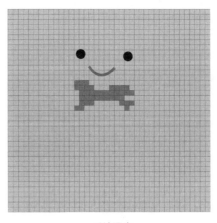

后片图案

卡通图案套头衫

【成品尺寸】衣长 40cm　胸围 32cm　袖长 31cm

【工具】3.5mm 棒针

【材料】红色羊毛绒线若干　白色、蓝色线各少许

【密度】10cm² : 28 针 ×36 行

【附件】蓝色小球若干

【制作过程】

1. 前片：按图用机器边起针法起 90 针，织 4cm 双罗纹后，改织全下针，并编入前片图案，织至 20cm 时左右两边平收 4 针后，进行袖窿减针，方法是：每 2 行减 1 针减 6 次，各减 6 针，不加不减织 46 行，同织至袖窿算起 10cm 时，中间平收 22 针后，开始领窝减针，方法是：每 2 行减 2 针减 5 次，各减 10 针，至肩部余 14 针。

2. 后片：按图用机器边起针法起 90 针，织 4cm 双罗纹后，改织全下针，织至 20cm 时左右两边平收 4 针进行袖窿减针，方法与前片袖窿一样，同时织至袖窿算起 14cm 时，中间平收 36 针后，开始领窝减针，方法是：每 2 行减 1 针减 3 次，各减 3 针，至肩部余 14 针。

3. 袖片：按图用机器边起针法起 50 针，织 4cm 双罗纹后，改织全下针，袖下按图加针，方法是：每 6 行加 1 针加 11 次，织至 20cm 时两边同时平收 4 针，开始袖山减针，方法是：每 2 行减 1 针减 24 次，共减 24 针，至顶部余 16 针。

4. 编织结束后，将前后片侧缝、肩部、袖片对应缝合。

5. 领圈边挑 112 针，织 12 行双罗纹，形成圆领。将蓝色小球点缀于前片和袖口。编织完成。

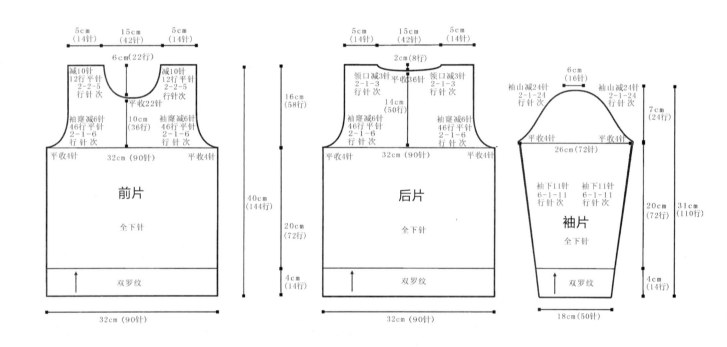

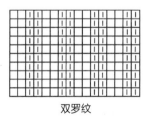

双罗纹

全下针

前片图案

缤纷装饰外套

【成品尺寸】 衣长 34cm　胸围 60cm　连肩袖长 32cm
【工具】 3.5mm 棒针　绣花针　钩针
【材料】 黄色羊毛绒线若干　绿色线少许
【密度】 10cm² : 26 针 × 38 行
【附件】 纽扣 6 枚　3 色丝带若干　钩针花朵 1 朵

【制作过程】

1. 从领圈往下编织，按编织方向，用下针起针法起 76 针，先织 12 行单罗纹，作为领子，然后继续织全下针，两边各留 6 针织花样为门襟，并开始分前后片和袖片，每片之间各留 2 针，并在 2 针两边每 2 行各加 2 针加 23 次，织至 12cm 时，针数为 260 针，分片编织时，在每片的两边直加 3 针至 284 针。

2. 后片：分出 78 针，继续织 19cm 全下针后，侧缝不用加减针，改织 3cm 单罗纹，收针断线。

3. 前片：分左右前片，左前片分出 39 针，继续编织全下针，侧缝不用加减针，织至 19cm 时，改织 3cm 单罗纹，收针断线。用同样的方法编织右前片，并在中间织一组麻花。

4. 袖片：分出 62 针，继续织 20cm 双罗纹，袖下减针，方法是：每 8 行减 1 针减 7 次。用同样方法编织另一袖片。

5. 缝合：把前后片的侧缝对应缝合，两边袖片的袖下分别缝合。

6. 把花朵按彩图缝合。缝上纽扣和丝带。编织完成。

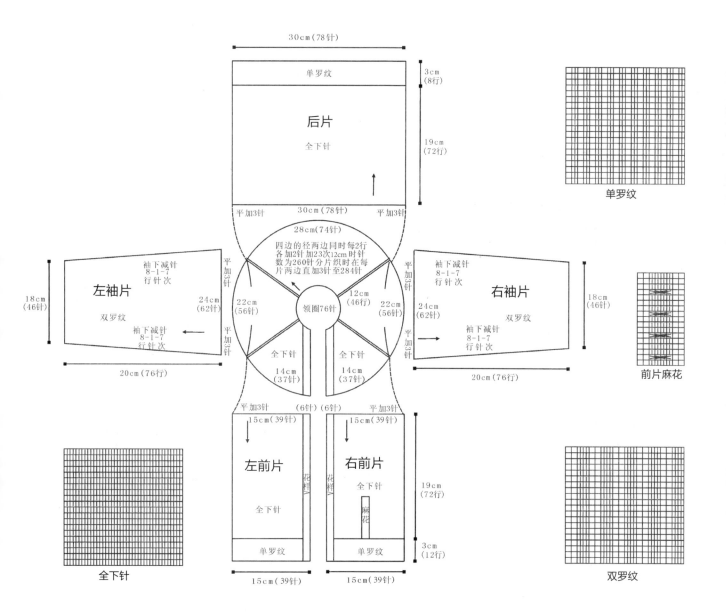

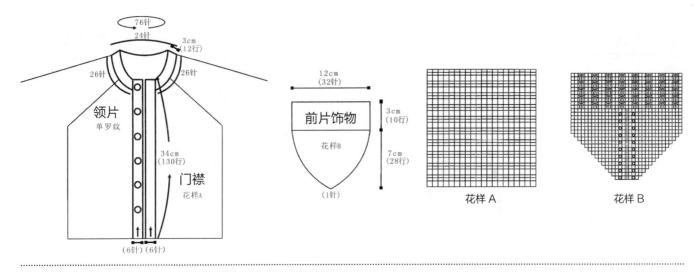

76针
24针
3cm
(12行)
26针
26针
领片
单罗纹
34cm
(130行)
门襟
花样A
(6针)(6针)

12cm
(32针)
前片饰物
花样B
3cm
(10行)
7cm
(28行)
(1针)

花样A

花样B

灰色连帽马甲

【成品尺寸】衣长 32cm　胸围 58cm
【工具】3.5mm 棒针　绣花针
【材料】黄色羊毛绒线若干
【密度】10cm² : 22 针 × 30 行
【附件】纽扣 3 枚

【制作过程】

1. 前片：分左右片 2 编织。左前片：(1) 下针起针法起 36 针，先织 5cm 双罗纹后，改织花样，侧缝不用加减针，织至 16cm 时，两边袖窿平收 3 针后，留 6 针织单罗纹，在单罗纹内侧开始减针，方法是：每 2 行减 1 针减 5 次，共减 5 针，不加不减织 28 行至肩部。

(2) 肩部平收 12 针，门襟余 16 针继续编织帽片，织至 52 行收针断线。同样方法编织右前片。

2. 后片：(1) 下针起针法起 72 针，先织 5cm 双罗纹后，改织花样，侧缝不用加减针，织至 16cm 时，两边袖窿平收 3 针后，留 6 针织单罗纹，在单罗纹内侧开始减针，方法与前片袖窿一样，不加不减织 28 行至肩部。

(2) 两边肩部平收 12 针，中间 32 针继续编织帽片，织至 17cm 收针断线。

3. 缝合：前后片的侧缝和肩部对应缝合，帽顶对应缝合。编织完成。

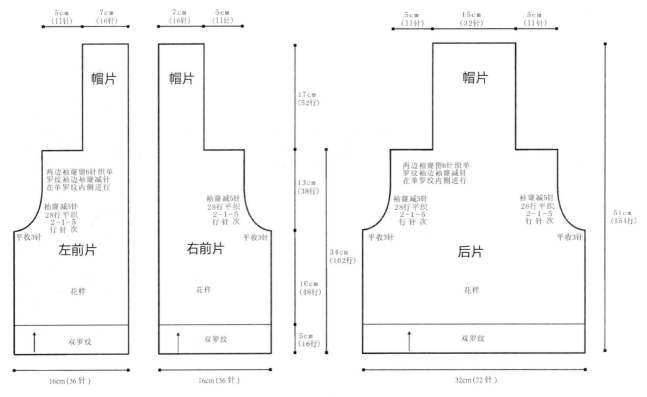

5cm
(11针)
7cm
(16针)
7cm
(16针)
5cm
(11针)
5cm
(11针)
15cm
(32针)
5cm
(11针)

帽片
帽片
帽片

17cm
(52行)

两边袖窿留6针织单
罗纹袖边袖窿减针
在单罗纹内侧进行

13cm
(38行)

袖窿减5针
28行平织
2-1-5
行针次

袖窿减5针
28行平织
2-1-5
行针次

两边袖窿留6针织单
罗纹袖边袖窿减针
在单罗纹内侧进行

袖窿减5针
28行平织
2-1-5
行针次

袖窿减5针
28行平织
2-1-5
行针次

51cm
(154行)

平收3针
左前片
平收3针
右前片
平收3针
后片
平收3针

花样
花样
花样

34cm
(102行)

16cm
(48行)

双罗纹
双罗纹
双罗纹

5cm
(16行)

16cm(36针)
16cm(36针)
32cm(72针)

宝宝的贴心
手工毛衣

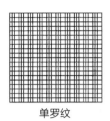

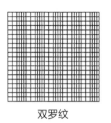

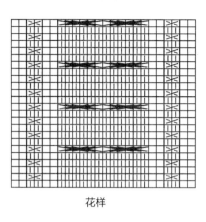

帽片

帽子是前后片直接编织,帽顶缝合而成

帽子结构图　　　　　单罗纹　　　　　双罗纹　　　　　花样

紫色花朵连帽外套

【成品尺寸】 衣长 33cm　胸围 60cm　连肩袖长 43cm

【工具】 3.5mm 棒针

【材料】 灰色羊毛绒线若干　紫色线少许

【密度】 10cm² : 26 针 ×34 行

【附件】 纽扣 5 枚　绳子 1 根　毛线球若干

【制作过程】

1. 前片 : 分左右 2 片编织。左前片 : 用下针起针法,起 39 针,织 9cm 花样后,织全下针,侧缝不用加减针,织 14cm 至插肩袖窿。袖窿以上的编织:袖窿平收 6 针后,减 22 针,方法是:每 2 行减 2 针减 11 次。同时从插肩袖窿算起,织至 8cm 时,开始领窝减 12 针,方法是 : 每 2 行减 2 针减 6 次,织至肩部全部针数收完。用同样方法编织右前片。

2. 后片 : 用下针起针法,起 78 针,织 9cm 花样后,改织全下针,侧缝不用加减针,织 14cm 至插肩袖窿。袖窿以上的编织 : 两边袖窿平收 6 针后减 11 针,方法是 : 每 2 行减 2 针减 11 次。领窝不用减针,余 26 针。

3. 袖片 : 用下针起针法,起 52 针,织 9cm 花样后,改织全下针,两边袖下加针,方法是 : 每 6 行加 1 针加 12 次,织至 22cm 开始插肩减针,方法是 : 每 2 行减 2 针减 11 次,至肩部余 32 针,用同样方法编织另一袖片。

4. 缝合 : 将前片的侧缝与后片的侧缝对应缝合。袖片的袖下分别缝合,袖片的插肩部与衣片的插肩部缝合。

5. 领圈边挑 104 针,织 17cm 全下针,在两边平收 39 针余 28 针,继续编织至 16cm,然后 A 与 B 缝合,C 与 D 缝合,形成帽子。

6. 两边门襟至帽檐挑 170 针,织 6 行单罗纹,左边门襟均匀开纽扣孔。

7. 装饰 : 在下摆边、袖口和帽檐缝上毛线球,系上绳子,缝上纽扣。编织完成。

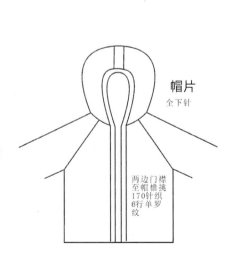

帽片
全下针

两边门襟至帽檐挑170针织6行单罗纹

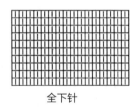

全下针

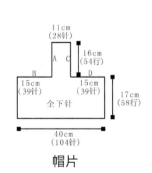

11cm
(28针)
16cm
(54行)
A C
B D
15cm 15cm 17cm
(39针) (39针) (58行)
全下针
40cm
(104针)

帽片

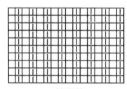

单罗纹

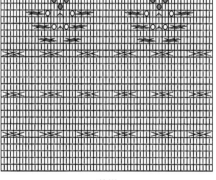

花样

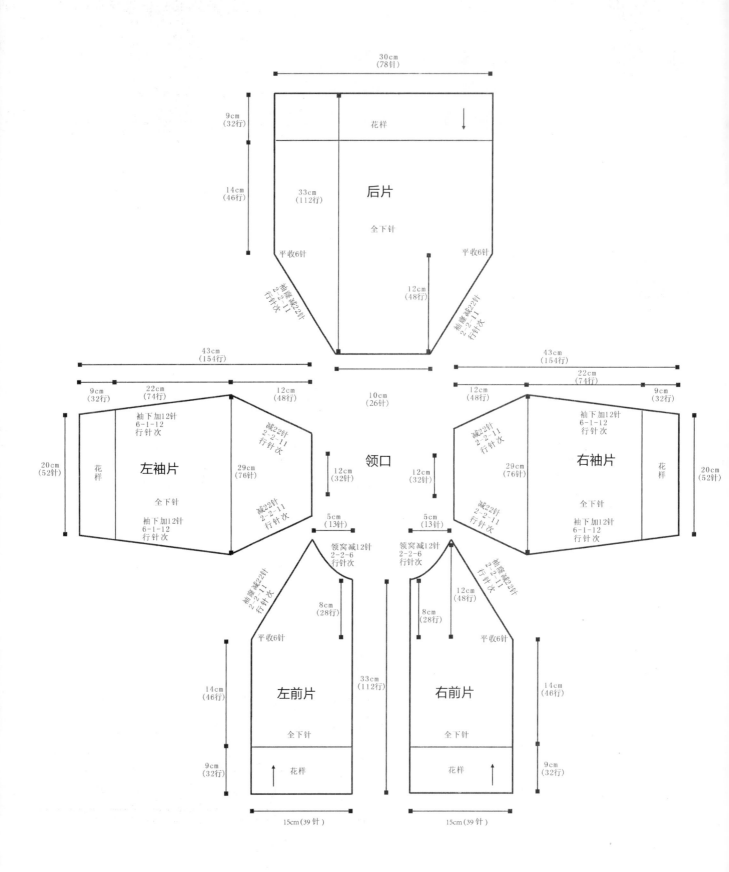

30cm
(78针)

9cm
(32行)

花样

14cm
(46行)

后片

33cm
(112行)

全下针

平收6针

平收6针

袖窿减22针
2-2-11
行针次

12cm
(48行)

袖窿减22针
2-2-11
行针次

43cm
(154行)

43cm
(154行)

9cm
(32行)

22cm
(74行)

12cm
(48行)

10cm
(26针)

12cm
(48行)

22cm
(74行)

9cm
(32行)

袖下加12针
6-1-12
行针次

减22针
2-2-11
行针次

领口

减22针
2-2-11
行针次

袖下加12针
6-1-12
行针次

20cm
(52针)

花样

左袖片

29cm
(76行)

12cm
(32针)

12cm
(32针)

29cm
(76行)

右袖片

花样

20cm
(52针)

全下针

全下针

袖下加12针
6-1-12
行针次

减22针
2-2-11
行针次

5cm
(13针)

5cm
(13针)

减22针
2-2-11
行针次

袖下加12针
6-1-12
行针次

领窝减12针
2-2-6
行针次

领窝减12针
2-2-6
行针次

袖窿减22针
2-2-11
行针次

8cm
(28行)

12cm
(48行)

平收6针

8cm
(28行)

平收6针

14cm
(46行)

左前片

33cm
(112行)

右前片

14cm
(46行)

9cm
(32行)

花样

全下针

全下针

花样

9cm
(32行)

15cm(39针)

15cm(39针)

学院风格子小背心

【成品尺寸】 衣长 33cm　胸围 52cm .

【工具】 3.5mm 棒针

【材料】 白色、黑色、灰色羊毛绒线各若干

【密度】 10cm² : 24 针 × 32 行

【制作过程】

1. 前片：用黑色线，下针起针法，起 62 针，织 4cm 单罗纹后，分散加 10 针至 72 针，然后改织全下针，并用白色线和灰色线配色，侧缝不用加减针，织 16cm 时进行袖窿以上的编织，两边各平收 5 针后，进行袖窿减针，方法是：每 2 行减 1 针减 5 次，平织 30 行。在袖窿中间算起织 8cm 时，平收 18 针后，进行领窝减针，方法是：每 2 行减 1 针减 7 次，织至肩部余 10 针。

2. 后片：袖窿以下和袖窿减针的织法与前片一样。领窝的织法：在袖窿算起 11cm 时，中间平收 28 针，进行领窝减针，方法是：每 2 行减 1 针减 2 次，至肩部余 10 针。

3. 编织结束后，将前后片侧缝、肩部对应缝合。

4. 领圈用黑色线挑 96 针，先织 4 行单罗纹后，改织 4 行全下针，形成卷边圆领。两袖口分别用黑色线挑 88 针，织 8 行单罗纹。编织完成。

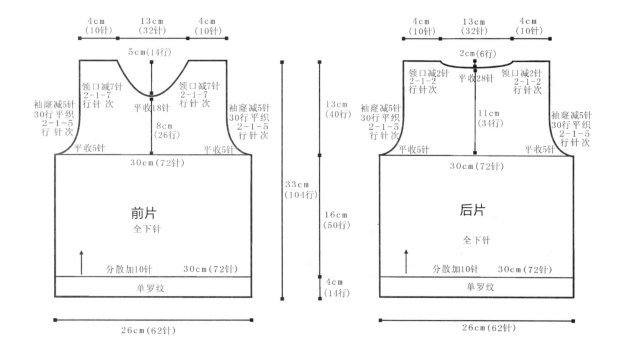

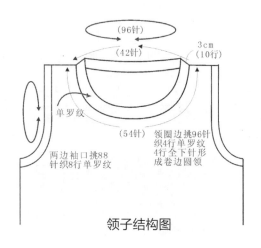

领子结构图

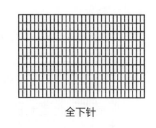

全下针

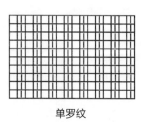

单罗纹

花纹宽松连衣裙

【成品尺寸】 衣长 46cm　胸围 64cm　连肩袖长 40cm

【工具】 3.5mm 棒针

【材料】 玫红色羊毛绒线若干

【密度】 10cm² : 28 针 × 38 行

【制作过程】

1. 从领圈往下编织，按编织方向，用下针起针法起 108 针，先织 16 行双罗纹，作为领子，然后继续往下编织，开始分前后片和袖片，前片织花样 A，后片织全下针，每片之间各留 2 针的筋，并按花样 D 在 2 针筋两边每 2 行各加 2 针加 25 次，织至 18cm 时，针数为 308 针，分片编织时，在每片的两边直加 3 针至 332 针，然后分片编织。

2. 后片：分出 90 针，在胸围的位置织 3cm 花样 C，继续织 19cm 全下针后，侧缝不用加减针，再改织 9cm 花样 B。

3. 前片：分出 90 针，织法与后片一样。

4. 袖片：分出 76 针，继续织 19cm 全下针，袖下减针，方法是：每 8 行减 1 针减 8 次，然后织 3cm 花样 C。

5. 缝合：前后片的侧缝对应缝合，两片袖片的袖下分别缝合。编织完成。

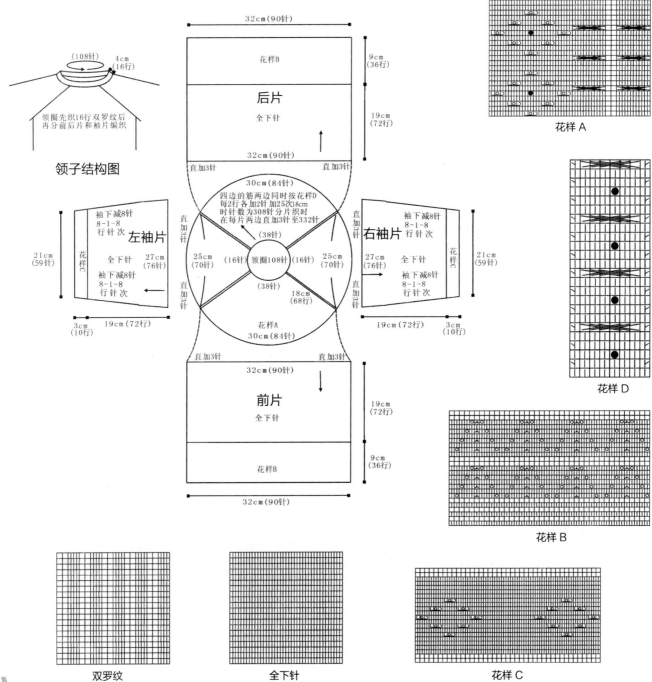

俏皮连帽马甲

【成品尺寸】 衣长 32cm　胸围 58cm
【工具】 3.5mm 棒针　绣花针
【材料】 黄色羊毛绒线若干
【密度】 $10cm^2$：22 针 × 30 行
【附件】 纽扣 3 枚

【制作过程】

1. 前片：分左右 2 片编织。左前片：(1) 下针起针法起 34 针，即排花样，依次为：9 针花样 B，16 针花样 A，9 针花样 B，开始向上编织，侧缝均匀减 2 针，门襟均匀开纽扣孔，织至 18cm 时，开始袖窿减针，方法是：每 2 行减 1 针减 4 次，共减 4 针，不加不减织 36 行至肩部。

(2) 肩部平收 11 针，门襟余 18 针继续编织帽子，织至 17cm 收针断线。用同样方法编织右前片。

2. 后片：(1) 下针起针法起 64 针，即排花样，依次为：9 针花样 B，16 针花样 A，14 针花样 B，16 针花样 A，9 针花样 B，开始向上编织，侧缝均匀减 2 针，并在中间的 14 针花样 B 两边均匀减 3 针，织至 18cm 时，开始袖窿减针，方法与前片袖窿一样，不加不减织 36 行至肩部。

(2) 两边肩部平收 11 针，中间 36 针继续编织帽子，织至 17cm 收针断线。

3. 缝合：前后片的侧缝和肩部对应缝合，帽顶对应缝合，缝上纽扣。编织完成。

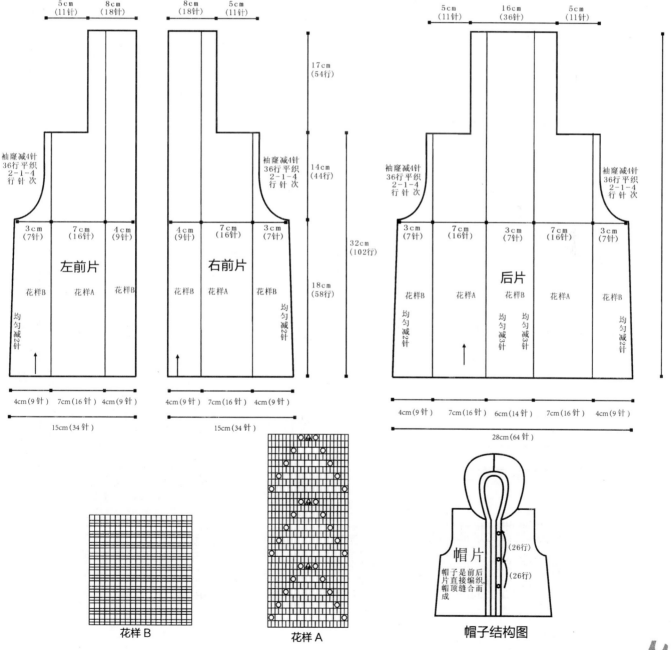

花样 B

花样 A

帽子结构图

俏皮可爱套头衫

【成品尺寸】 衣长 44cm　胸围 68cm

【工具】 3.5mm 棒针　绣花针

【材料】 蓝色、白色、黑色羊毛线各若干

【密度】 10cm² : 20 针 ×26 行

【附件】 纽扣 2 枚

【制作过程】

1. 前片：用下针起针法起 68 针，编织 5cm 单罗纹后，改织全下针，并编入前片图案，侧缝不用加减针，织 23cm 至袖窿。袖窿以上的编织：两边袖窿平收 5 针后减针，方法是：每 2 行减 1 针减 3 次，各减 3 针，余下针数不加不减织 36 针至肩部。同时在中间平收 8 针，开始织纽扣门襟，然后分 2 片编织，织至 9cm，两边领窝减针，方法是：每 2 行减 1 针减 8 次，各减 8 针，至肩部余 14 针。

2. 后片：袖窿和袖窿以下编织方法与前片袖窿一样。同时织至袖窿算起 14cm 时，开后领窝，中间平收 20 针，两边领窝减针，方法是：每 2 行减 1 针减 2 次，织至两边肩部余 14 针。

3. 袖片：用下针起针法，起 36 针，织 5cm 单罗纹后，分散加 8 针，再改织全下针，并配色，袖下加针，方法是：每 8 行加 1 针加 6 次，织至 21cm 时开始袖山减针，方法是：每 2 行减 2 针减 2 次，每 2 行减 3 针减 6 次，至顶部余 6 针。

4. 缝合：将前片的侧缝与后片的侧缝对应缝合。前片的肩部与后片的肩部缝合，两边袖片的袖下缝合后，分别与衣片的袖边缝合。

5. 门襟：两边门襟各挑 24 针，织 8 行单罗纹，底部叠压缝合。

6. 领片：领圈边挑 56 针，织 14 行单罗纹后，形成翻领，在翻领边挑适合针数，按花样织双层狗牙边。

7. 用黑色线做成 2 条小辫子，缝到图案中，缝上纽扣。编织完成。

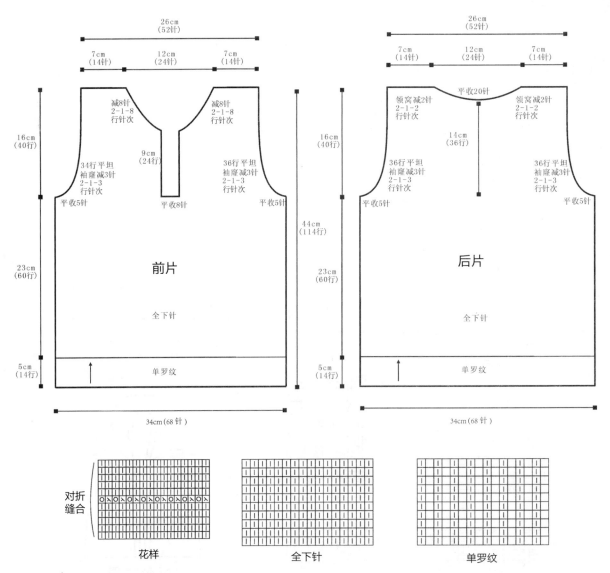

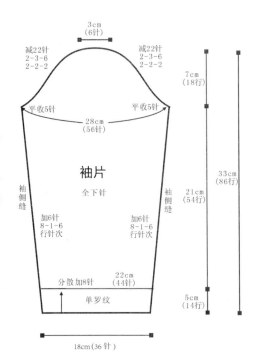

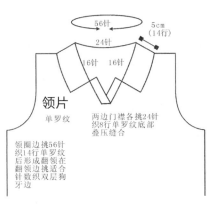

袖片

3cm（6针）

减22针
2-3-6
2-2-2

减22针
2-3-6
2-2-2

7cm（18行）

平收5针　平收5针

28cm（56针）

全下针

33cm（86行）

21cm（54行）

袖侧缝

袖侧缝

加6针
8-1-6
行针次

加6针
8-1-6
行针次

5cm（14行）

分散加18针

22cm（44针）

单罗纹

18cm（36针）

领片

56针

5cm（14行）

24针

16针　16针

单罗纹

两边门襟各挑24针
织8行单罗纹底部
叠压缝合

领圈边挑56针
织14行单罗纹
后形成翻领在
翻领边挑适合
针数织双层狗
牙边

前片图案

小花朵背心

【成品尺寸】 衣长36cm　胸围52cm

【工具】 3.5mm 棒针

【材料】 蓝色羊毛绒线若干　红色线少许

【密度】 10cm² : 24 针 ×32 行

【制作过程】

1. 前片:用下针起针法，起62针，织3cm单罗纹后，改织花样，侧缝不用加减针，织20cm后进行袖窿以上的编织，两边各平收3针后，进行袖窿减针，方法是：每2行减1针减5次，平织32行。在袖窿中间算起织至6cm时，平收12针后，进行领窝减针，方法是：每2行减1针减10次，织至肩部余10针。

2. 后片：袖窿以下和袖窿减针的织法与前片一样，织全下针。领窝的织法：在袖窿算起10cm时，中间平收28针，进行领窝减针，方法是：每2行减1针减2次，平织6行至肩部余10针。

3. 编织结束后，将前后片侧缝、肩部对应缝合。

4. 领圈挑80针，织2cm单罗纹，形成圆领。两袖口分别挑56针，织2cm单罗纹。

5. 前片用红色线绣上装饰花朵。编织完成。

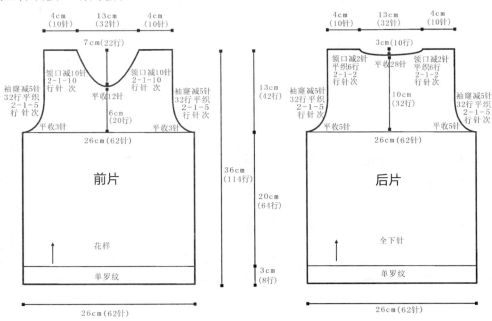

前片

4cm（10针）　13cm（32针）　4cm（10针）

7cm（22行）

领口减10针
2-1-10
行针次

领口减10针
2-1-10
行针次

平收12针

6cm（20行）

袖窿减5针
32行平织
2-1-5
行针次

袖窿减5针
32行平织
2-1-5
行针次

平收3针　平收3针

26cm（62针）

花样

单罗纹

26cm（62针）

后片

4cm（10针）　13cm（32针）　4cm（10针）

3cm（10行）

领口减2针
平织6行
2-1-2
行针次

平收28针

领口减2针
平织6行
2-1-2
行针次

袖窿减5针
32行平织
2-1-5
行针次

10cm（32行）

袖窿减5针
32行平织
2-1-5
行针次

平收5针　平收5针

26cm（62针）

全下针

单罗纹

26cm（62针）

13cm（42行）

36cm（114行）

20cm（64行）

3cm（8行）

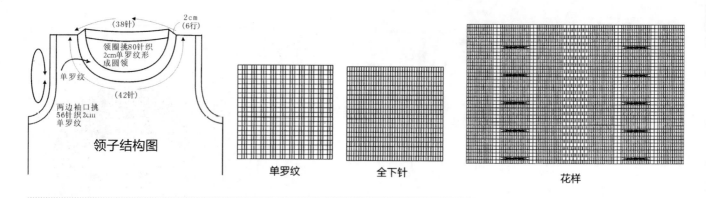

（38针）　2cm（6行）

领圈挑80针织2cm单罗纹形成圆领

单罗纹

（42针）

两边袖口挑56针织2cm单罗纹

领子结构图

单罗纹　全下针　花样

小花翻领毛衣

【成品尺寸】衣长 46cm　胸围 60cm　袖长 39cm

【工具】3.5mm 棒针　缝衣针

【材料】白色羊毛绒线若干　粉红色线少许

【密度】10cm² : 30 针 × 38 行

【附件】纽扣 5 枚

【制作过程】

1. 前片：分左右 2 片编织，左前片起 45 针，织 3cm 单罗纹后，改织花样 A，侧缝不用加减针，织至 24cm 时，开始袖窿以上编织。袖窿平收 4 针，开始按图收成袖窿，减针方法是：每 2 行减 1 针减 8 次，平织 56 行至肩部。同时在袖窿算起，织至 10cm 时平收 4 针后开领窝，方法是：每 2 行减 1 针减 10 次，平织 14 行至肩部余 18 针。用同样方法对应编织右前片。

2. 后片：起 90 针，织 3cm 单罗纹后，改织花样 A，侧缝不用加减针，织至 24cm 时，开始袖窿以上编织，左右两边各平收 4 针，开始按图收成袖窿，减针方法与前片袖窿一样。同时在袖窿算起织 17cm 时，中间平收 22 针开领窝，减针方法是：每 2 行减 1 针减 3 次，织至肩部余 18 针。

3. 袖片：起 51 针，织 3cm 单罗纹后，改织花样 A，袖下两边按图加针，加针方法是：每 6 行加 1 针加 12 次，织至 26cm 时两边各平收 4 针，按图示均匀减针，收成袖山，减针方法是：每 2 行减 1 针减 10 次，每 2 行减 2 针减 8 次，织至顶部余 24 针。

4. 编织结束后，将前后片侧缝、肩部、袖片对应缝合。

5. 领子：领边挑 82 针，织 6cm 单罗纹，形成翻领，然后用粉红色线在翻领的边沿织 6 行花样 B。

6. 门襟：两边门襟分别挑 90 针，织 2cm 单罗纹，右前片均匀地开纽扣孔。

7. 装饰：用缝衣针粉红色线，把花样 A 里的花茎缝上花心，缝上纽扣。编织完成。

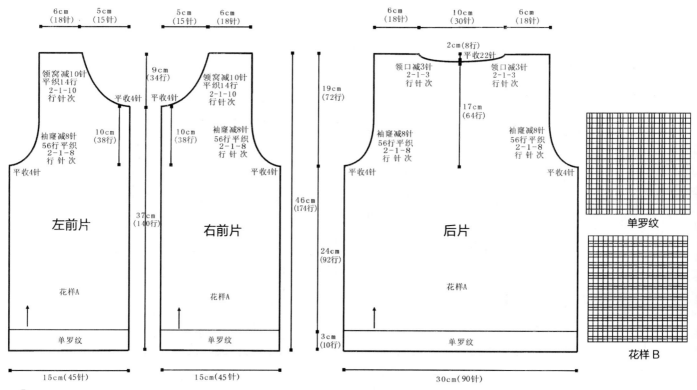

6cm（18针）　5cm（15针）

9cm（34行）

领窝减10针平织14行2-1-10行针次

平收4针

袖窿减8针56行平织2-1-8行针次

10cm（38行）

平收4针

左前片

37cm（140行）

花样A

单罗纹

15cm（45针）

5cm（15针）　6cm（18针）

领窝减10针平织14行2-1-10行针次

平收4针

袖窿减8针56行平织2-1-8行针次

10cm（38行）

平收4针

右前片

花样A

单罗纹

15cm（45针）

6cm（18针）　10cm（30针）　6cm（18针）

2cm（8行）　平收22针

领口减3针2-1-3行针次　领口减3针2-1-3行针次

19cm（72行）

袖窿减8针56行平织2-1-8行针次

17cm（64行）

平收4针　平收4针

袖窿减8针56行平织2-1-8行针次

46cm（174行）

后片

花样A

24cm（92行）

3cm（10行）

单罗纹

30cm（90针）

单罗纹

花样B

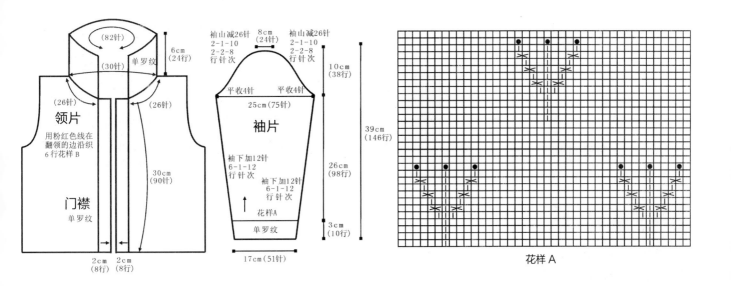

花样A

小鲸鱼套头衫

【成品尺寸】 衣长 38cm　胸围 60cm　连肩袖长 35cm

【工具】 3.5mm 棒针　缝衣针

【材料】 红色、白色羊毛绒线各若干

【密度】 10cm² : 28 针 × 38 行

【制作过程】

1. 前片：用红色线起 84 针，织双罗纹，其中织 6 行红色线，16 行白色线，然后全部用白色线继续织全下针，并编入前片图案，侧缝不用加减针，织至 21cm 时，左右两边平收 4 针，开始减针成插肩袖，方法是：每 2 行减 1 针减 20 次，同时在插肩袖窿算起，织 8cm 处，在中间平收 24 针开领窝，方法是：每 2 行减 1 针减 6 次，织至肩部针数全部减完。

2. 后片：插肩袖窿以下织法与前片一样。领窝的减针：在插肩袖窿算起 9cm 处，在中间平收 32 针开领窝，方法是：两边每 2 行减 1 针减 2 次，织至肩部针数全部减完。

3. 袖片：先用红色线起 56 针，先织 6cm 双罗纹后，改织全下针，并用白色线配色，袖下按图加针，方法是：每 6 行加 1 针加 11 次，织至 18cm 时，两边平收 4 针，收成插肩袖山，方法是：每 2 行减 1 针减 20 次，肩部余 30 针。

4. 编织结束后，将前后片侧缝缝合，袖片的袖下缝后与身片袖窿对应缝合。

5. 领圈用白色线挑 108 针，织 4cm 双罗纹，其中最后 4 行用红色线，形成圆领。编织完成。

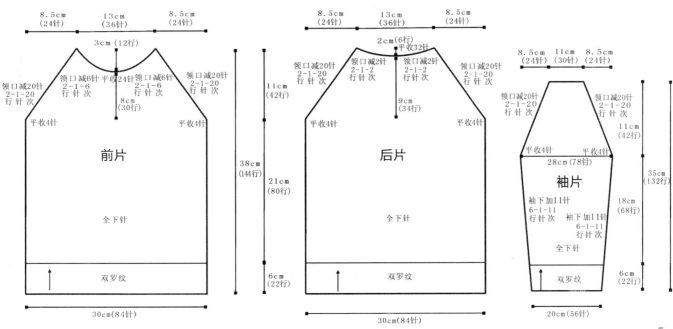

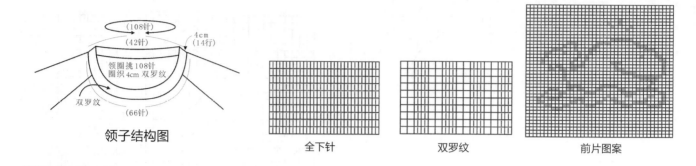

领子结构图 　　　全下针 　　　双罗纹 　　　前片图案

俏皮褶皱中袖毛衣

【成品尺寸】衣长 43cm　胸围 64cm　袖长 22cm
【工具】3.5mm 棒针
【材料】白色羊毛绒线若干
【密度】$10cm^2$：26 针 ×38 行

【制作过程】

1. 前片：（1）用下针起针法起 138 针，编织 2cm 花样 B 后，改织 5cm 全下针，然后均匀减 44 针，减至 94 针，再改织花样 A，侧缝两边减针，方法是：每 12 行减 1 针减 5 次，各减 5 针，织 19cm 至袖窿。

2. 袖窿以上：两边袖窿平收 5 针后减针，方法是：每 2 行减 1 针减 5 次，各减 5 针，余下针数不加不减织 54 行至肩部。

3. 从袖窿算起织至 11cm 时，开始开领窝，中间平收 20 针，然后两边减针，方法是：每 2 行减 2 针减 5 次，各减 10 针，不加不减织 14 行至肩部余 13 针。

4. 后片：袖窿和袖窿以下编织方法与前片袖窿一样。织至袖窿算起 15cm 时，开后领窝，中间平收 34 针，两边减针，方法是：每 2 行减 1 针减 3 次，织至两边肩部余 13 针。

5. 袖片：用下针起针法，起 76 针，织 2cm 花样 B 后，改织花样 A，袖下不用加减针，织至 13cm 时，袖山两边平收 5 针后减针，方法是：每 2 行减 2 针减 8 次，每 2 行减 1 针减 5 次，各减 21 针，至肩部余 24 针，收针断线。用同样方法编织另一个袖片。

6. 缝合：将前片的侧缝与后片的侧缝对应缝合。前片的肩部与后片的肩部缝合，两边袖片的袖下缝合后，分别与衣片的袖边缝合。编织完成。

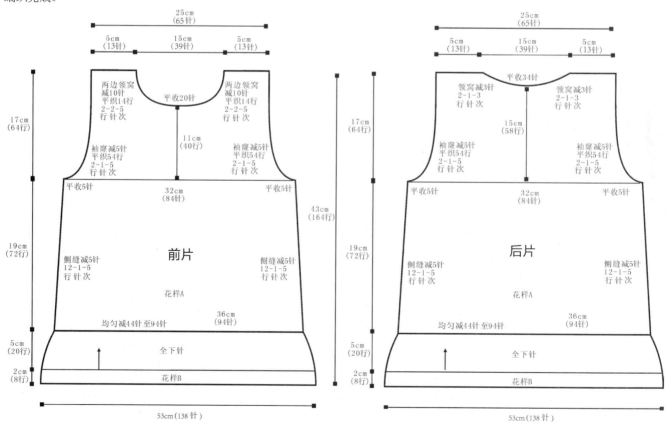

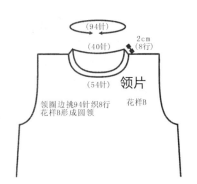

（94针）

（40针）

2cm
（8行）

（54针）

领片

领圈边挑94针织8行
花样B形成圆领

花样B

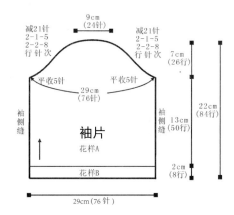

9cm
（24针）

减21针
2-1-5
2-2-8
行针次

减21针
2-1-5
2-2-8
行针次

7cm
（26行）

平收5针

平收5针

29cm
（76针）

22cm
（84行）

袖侧缝

袖侧缝

袖片

13cm
（50行）

花样A

2cm
（8行）

花样B

29cm（76针）

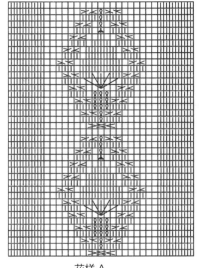

花样A

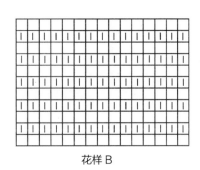

花样B

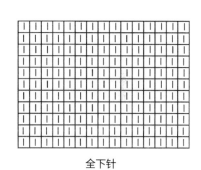

全下针

紫色小翻领外套

【成品尺寸】 衣长46cm　胸围30cm　袖长39cm

【工具】 3.5mm棒针　缝衣针

【材料】 粉红色羊毛绒线若干　白色线少许

【密度】 10cm²：30针×38行

【附件】 纽扣5枚

【制作过程】

1. 前片：分左右2片编织，左前片起45针，织4cm花样B，并用白色线间隔配色，然后改织花样A，侧缝不用加减针，织至23cm时，开始袖窿以上编织。袖窿平收4针，开始按图收成袖窿，减针方法是：每2行减1针减8次，平织56针至肩部。同时在袖窿算起，织至10cm时平收4针后开窝，方法是：每2行减1针减10次，平织14行至肩部余18针。用同样方法对应编织右前片。

2. 后片：起90针，织4cm花样B，并用白色线间隔配色，然后改织花样A，侧缝不用加减针，织至23cm时，开始袖窿以上编织，左右两边各平收4针，开始按图收成袖窿，减针方法与前片袖窿一样。同时在袖窿算起织17cm时，中间平收22针开领窝，减针方法是：每2行减1针减3次，织至肩部余18针。

3. 袖片：起51针，织4cm花样B后，改织花样A，袖下两边按图加针，加针方法是：每6行加1针加12次，织至25cm时两边各平收4针，按图示均匀减针，收成袖山，减针方法是：每2行减1针减10次，每2行减2针减8次，织至顶部余24针。

4. 编织结束后，将前后片侧缝、肩部、袖片对应缝合。

5. 领子：领边挑88针，织12cm花样B，并用白色线间隔配色。

6. 门襟：两边门襟分别挑110针，织4cm花样B，并用白色线间隔配色，右前片均匀地开纽扣孔。

7. 装饰：用缝衣针缝上纽扣。编织完成。

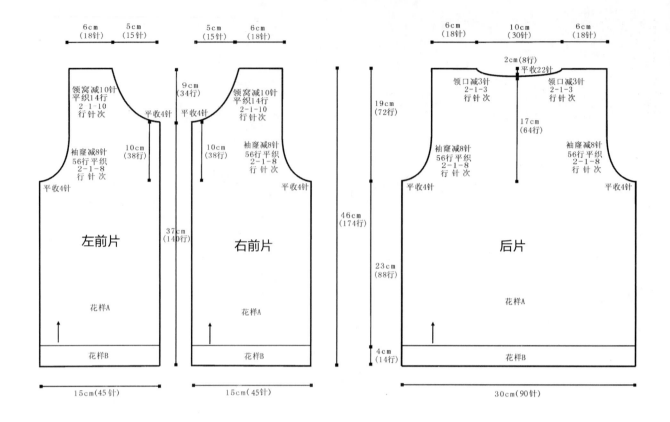

左前片

右前片

后片

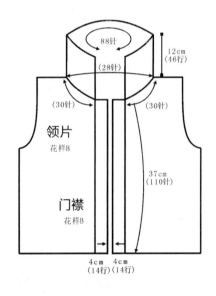

领片
花样B

门襟
花样B

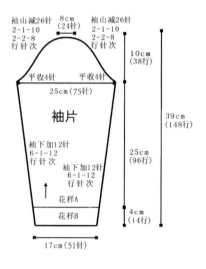

袖片

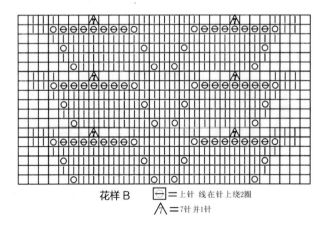

花样 B　　□=上针 线在针上绕2圈

⋀=7针并1针

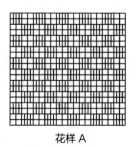

花样 A

大袖口蝙蝠衫

【成品尺寸】 衣长 35cm　胸围 100cm　连肩袖长 35cm
【工具】 3.5mm 棒针　缝衣针
【材料】 粉红色羊毛绒线若干
【密度】 10cm² : 26 针 ×28 行
【附件】 纽扣 3 枚

【制作过程】

1. 毛衣是从领圈环形片，从上往下编织。
环形片：用下针起针法起110针，先织16行花样，作为领圈，两边门襟各留10针继续织花样，其他针数改织全下针，并分2圈加针，织完领圈即进行第1圈加针，分散加84针，共194针继续编织，织至30行时进行第2圈加针，分散加86针，此时针数为280针，继续编织36行，环形片编织完成，开始分前后片和袖片。
2. 前片：分左右2片编织。左前片：分出40针，在袖窿平加10针，门襟继续织花样，并均匀开纽扣孔，其余继续编织全下针，侧缝不用加减针，织至10cm后，改织6cm花样。对应编织右前片。
3. 后片：分出78针，在两边袖窿各平加10针，继续织全下针，侧缝不用加减针，织至10cm后，改织6cm花样。
4. 袖片：分出60针，在两边各平加10针，继续织全下针，袖下不用加减针，织至10cm后，改织6cm花样。用同样方法编织另一袖片。
5. 缝合：把前后片的侧缝对应缝合，2个袖片的袖下分别缝合。
6. 装饰：做若干枚毛线小球，分散点缀于毛衣上，缝上纽扣。编织完成。

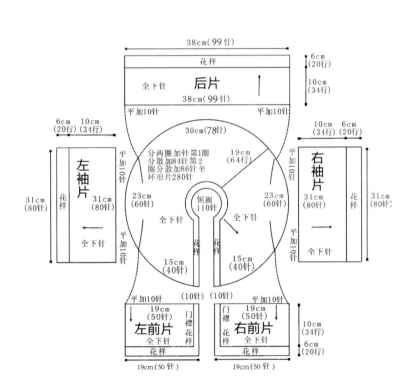

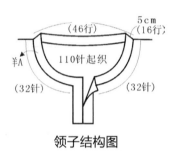

领子结构图

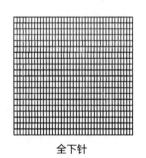

全下针

花样

蓝色配帽气质套装

【成品尺寸】 衣长 39cm　胸围 64cm　袖长 35cm

【工具】 3.5mm 棒针　缝衣针

【材料】 浅蓝色羊毛绒线若干　浅黄色线少许

【密度】 10cm² : 30 针 ×38 行

【附件】 纽扣 6 枚

【制作过程】

1. 前片:分左右 2 片编织,左前片:用浅黄色线,下针起针法起 48 针,先织 4cm 单罗纹后,改用浅蓝色线织花样 B,侧缝不用加减针,织至 18cm 时,开始袖窿以上编织。袖窿平收 4 针,织 6 行后改织花样 A,并开始按图进行袖窿减针,方法是 : 每 2 行减 2 针减 6 次,平织 52 行至肩部。同时在袖窿算起,织至 12cm 时平收 4 针后开领窝减针,方法是:每 2 行减 1 针减 14 次,织至肩部余 15 针。用同样方法对应编织右前片。

2. 后片:用浅黄色线,下针起针法起 96 针,先织 4cm 单罗纹后,改用浅蓝色线织花样 B,侧缝不用加减针,织至 18cm 时,开始袖窿以上编织,左右两边各平收 4 针,织 6 行后改织花样 A,并开始按图收成袖窿,减针方法与前片袖窿一样。同时在袖窿算起织 15cm 时,中间平收 30 针开始领窝减针,方法是 : 每 2 行减 1 针减 3 次,织至肩部余 15 针。

3. 袖片:用浅黄色线,下针起针法起 48 针,先织 4cm 单罗纹后,改用浅蓝色织全下针,袖下两边按图加针,加针方法是 : 每 8 行加 1 针加 10 次,织至 21cm 时两边各平收 4 针,按图示均匀减针,收成袖山,减针方法是:每 2 行减 1 针减 18 次,织至顶部余 33 针。

4. 编织结束后,将前后片侧缝、肩部、袖片对应缝合。

5. 领子:领圈边用浅黄色线挑 80 针,织 14 行单罗纹,形成开襟圆领。

6. 门襟:两边门襟用浅黄色挑 102 针,织 3cm 单罗纹,右前片均匀地开纽扣孔。

7. 装饰 : 用缝衣针缝上纽扣。编织完成。

【帽子的制作方法】帽长 20cm　帽围 39cm

1. 用下针起针法起 117 针,先用浅黄色线圈织 4 行全下针后,改用浅蓝色线圈织 5cm 花样 A,并改织全下针,并边织边减针,方法是 : 每隔 6 行减 1 次,每次隔 6 针减 1 针,共减 8 次,每行减针要错开,最后剩余 28 针。

2. 用一根线把剩余针数套全抽紧即可。

3. 做一个直径 10cm 的绒球,缝合在帽顶上。

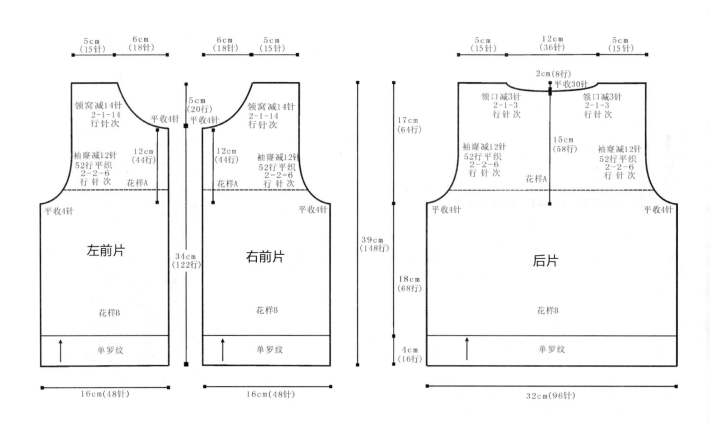

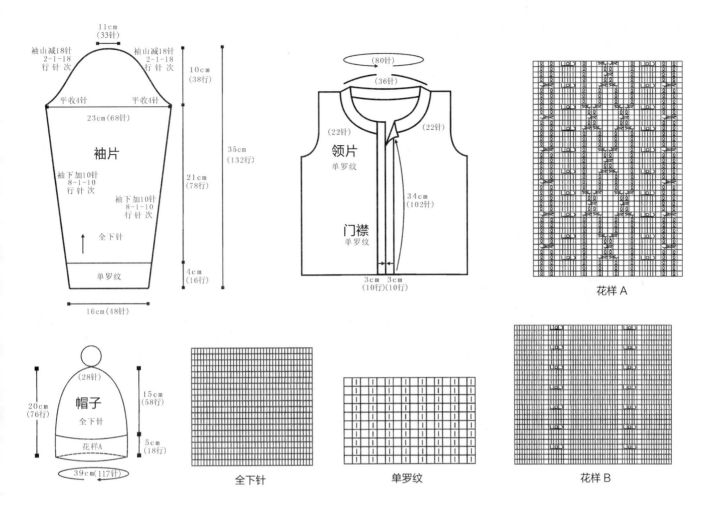

花样 A

全下针

单罗纹

花样 B

优雅翻领外套

【成品尺寸】 衣长 33cm　胸围 64cm　连肩袖长 34cm

【工具】 3.5mm 棒针　钩针

【材料】 绿色羊毛绒线若干

【密度】 10cm² : 26 针 × 34 行

【附件】 钩织小花 3 朵

【制作过程】

1. 先织肩部环形部分：从领口织起，领口用下针起针法起 160 针，片织花样 A，两边门襟各分出 16 针织花样 C，其余 128 针继续编织花样 A，并在花样 A 的扭花之间均匀加针，织至 13cm 时，针数加至 256 针，环形部分完成。

2. 开始分出 2 片前片、1 片后片和 2 片袖片：(1) 前片：分左前片和右前片编织。左前片：分出 38 针，在袖窿处加 4 针为 42 针，与门襟 16 针花样 C 一起编织花样 B，并在花样 B 的扭花之间均匀加针，侧缝不用加减针，织至 20cm 时，收针断线。用同样方法，反方向编织右前片。

3. 后片：分出 76 针，在两边袖窿处各加 4 针为 84 针，织花样 B，并在花样 B 的扭花之间均匀加针，侧缝不用加减针，织至 20cm，收针断线。

4. 袖片：左袖片分出 52 针，两边各加 4 针为 60 针，织全下针，袖下减针，方法是：每 10 行减 1 针减 6 次，织至 19cm 时，改织 2cm 花样 C，收针断线。用同样方法编织右袖片。

5. 缝合：将两前片的侧缝和后片的侧缝缝合。两袖片的袖下分别缝合。

6. 领圈边挑 128 针，先织 7cm 单罗纹后，形成翻领，并沿着翻领边挑适当针数，织 6 行花样 C。

7. 将 3 朵钩织小花缝合于门襟上。编织完成。

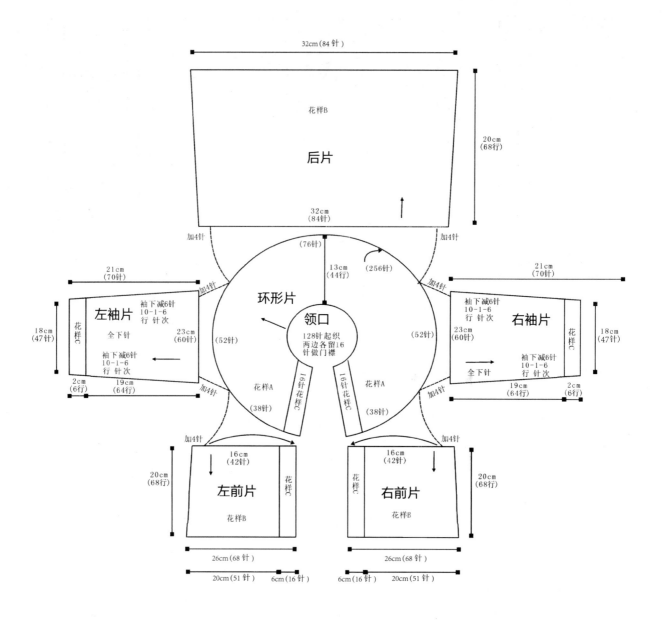

32cm(84针)

花样B

后片

20cm
(68行)

32cm
(84针)

加4针

(76针)

13cm
(44行)

(256针)

加4针

21cm
(70针)

21cm
(70针)

环形片

加14针

袖下减6针
10-1-6
行 针次

左袖片

右袖片

袖下减6针
10-1-6
行 针次

18cm
(47针)

花样C

全下针

领口

23cm
(60针)

23cm
(60针)

全下针

花样C

18cm
(47针)

袖下减6针
10-1-6
行 针次

128针起织
两边各留16
针做门襟

袖下减6针
10-1-6
行 针次

(52针)

(52针)

2cm
(6行)

19cm
(64行)

加14针

加4针

加4针

2cm
(6行)

19cm
(64行)

花样A

(38针)

16针花样C

16针花样C

花样A

(38针)

加4针

加4针

16cm
(42针)

16cm
(42针)

20cm
(68行)

左前片

花样C

花样C

右前片

20cm
(68行)

花样B

花样B

26cm(68 针)

26cm(68 针)

20cm(51 针)

6cm(16 针)

6cm(16 针)

20cm(51 针)

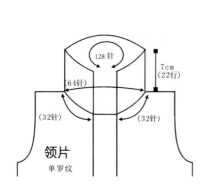

128 针

7cm
(22行)

(64针)

(32针)

(32针)

领片

单罗纹

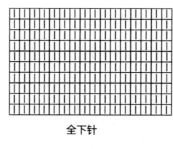

全下针

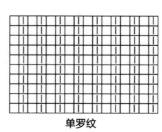

单罗纹

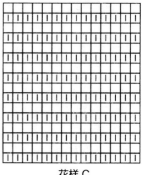

花样 C

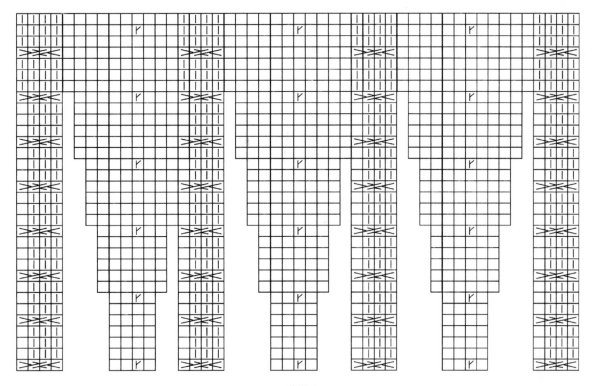

花样 A

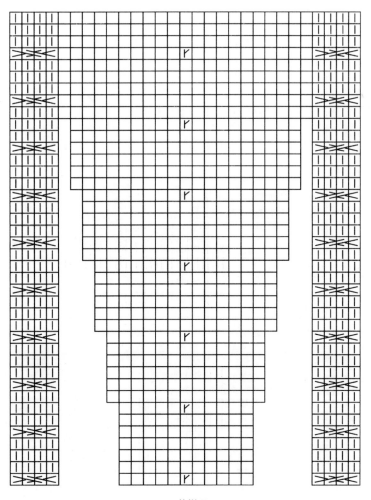

花样 B

绿色连帽外套

【成品尺寸】衣长 47cm 胸围 66cm 袖长 37cm

【工具】3.5mm 棒针 绣花针

【材料】绿色羊毛绒线若干

【密度】10cm² : 26 针 × 34 行

【附件】纽扣 5 枚

【制作过程】

1. 前片：分左右 2 片编织，左前片用机器边起针法起 42 针，织 5cm 双罗纹后，改织花样，侧缝不用加减针，织至 13cm 时，中间织 3cm 单罗纹，然后平收 22 针，两边各余 10 针待用，内衣袋另起 22 针，织 13cm 花样，与前面待用的两个 10 针合并，继续编织，内衣袋缝合于前片，织至 14cm 时，开始袖窿以上编织，袖窿平收 5 针后，进行袖窿减针，方法是：每 2 行减 1 针减 7 次，平织 36 行。同时在袖窿算起，织至 8cm 时平收 5 针后开领窝，方法是：每 2 行减 1 针减 13 次，至肩部余 13 针。用同样方法对应织右前片。

2. 后片：用机器边起针法起 86 针，织 5cm 双罗纹后，改织花样，侧缝不用加减针，织至 27cm 时左右两边平收 5 针后，进行袖窿减针，方法与前片袖窿一样。同时在袖窿算起织 13cm 时，中间平收 30 针后，进行领窝减针，方法是：每 2 行减 1 针减 3 次，至肩部余 13 针。

3. 袖片：用机器边起针法起 52 针，织 6cm 双罗纹后，改织花样，袖下两边按图加针，加针方法是：每 12 行加 1 针加 6 次，织至 22cm 时两边各平收 5 针后，进行袖山减针，方法是：每 2 行减 1 针减 9 次，每 2 行减 2 针减 2 次，每 2 行减 3 针减 2 次，至顶部余 16 针。

4. 编织结束后，将前后片侧缝、肩部、袖片对应缝合。领圈边挑 72 针，织 30cm 花样，帽缘 A 与 B 缝合，形成帽片。两边门襟至帽缘挑 364 针，织 14 行双罗纹，右前片均匀地开纽扣孔。

5. 装饰：用绣花针缝上纽扣。编织完成。

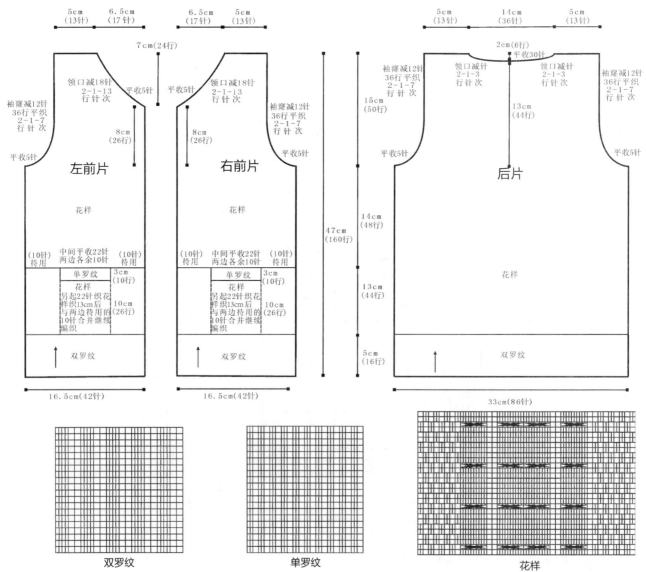

双罗纹　　　单罗纹　　　花样

宝宝的贴心
手工毛衣

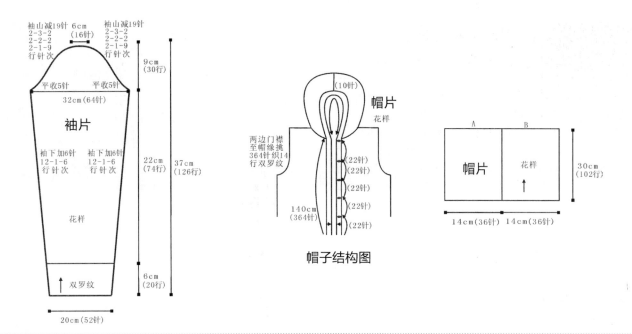

袖山减19针 6cm 袖山减19针
2-3-2 (16针) 2-3-2
2-2-2 2-2-2
2-1-9 2-1-9
行针次 行针次

9cm
(30行)

平收5针 平收5针

32cm(64针)

袖片

22cm 37cm
(74行) (126行)

袖下加6针 袖下加6针
12-1-6 12-1-6
行针次 行针次

花样

↑ 双罗纹

6cm
(20行)

20cm(52针)

(10针)

帽片
花样

两边门襟 (22针)
至帽缘挑
364针织14 (22针)
行双罗纹 (22针)

140cm (22针)
(364针)
(22针)

帽子结构图

A B

帽片 花样

30cm
(102行)

↑

14cm(36针) 14cm(36针)

个性衣领气质毛衣

【成品尺寸】衣长48cm 胸围80cm 袖长42cm
【工具】3.5mm 棒针
【材料】灰色羊毛绒线若干
【密度】10cm² : 20 针 ×28 行

【制作过程】

1. 前片：按图用机器边起针法起 80 针，织 10cm 单罗纹后，改织花样，侧缝不用加减针，织至 23cm 时左右两边平收 5 针，开始按图收成袖窿，中间平收 20 针为门襟，然后分左右前片，继续编织，至肩部余 17 针。

2. 后片：按图用机器边起针法起 80 针，织 10cm 单罗纹后，改织花样，侧缝不用加减针，织至 23cm 时左右两边同时平收 5 针。按图收成袖窿，织至肩部余 54 针，不用开领窝。

3. 袖片：按图用机器边起针法起 48 针，织 10cm 单罗纹后，改织全下针，袖下按图加针，织至 23cm 时两边同时平收 5 针，按图示均匀减针，收成袖山。

4. 编织结束后，将前后片侧缝、肩部、袖片对应缝合。

5. 两边门襟至领圈挑 54 针，织 10cm 单罗纹，边缘再与平收的 20 针处缝合。编织完成。

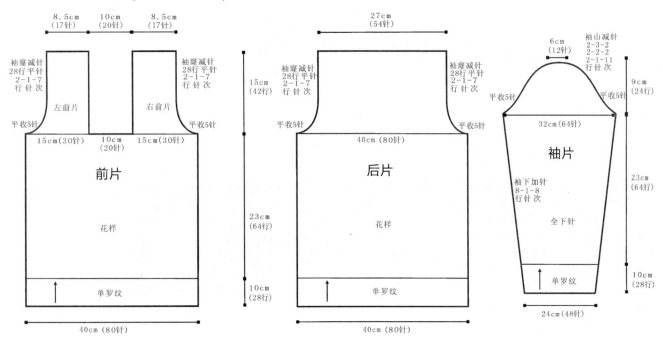

8.5cm 10cm 8.5cm
(17针) (20针) (17针)

27cm
(54针)

6cm 袖山减针
(12针) 2-3-2
2-2-2
2-1-11
行针次

袖窿减针 袖窿减针
28行平针 28行平针
2-1-7 2-1-7
行针次 行针次

15cm
(42行)

袖窿减针 袖窿减针
28行平针 28行平针
2-1-7 2-1-7
行针次 行针次

袖山减针
2-3-2
2-2-2
2-1-11
行针次

9cm
(24行)

左前片 右前片

平收5针 平收5针 平收5针 平收5针

平收5针 平收5针

32cm(64针)

15cm(30针) 10cm 15cm(30针)
(20针)

40cm (80针)

袖片

前片 **后片**

花样 花样

23cm 23cm
(64行) (64行)

袖下加针
8-1-8
行针次

23cm
(64行)

全下针

10cm 10cm 10cm
(28行) (28行) (28行)

↑ 单罗纹 ↑ 单罗纹 ↑ 单罗纹

40cm(80针) 40cm (80针)

24cm(48针)

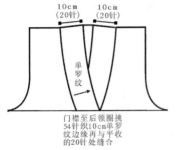

10cm
(20针)　　10cm
(20针)

单罗纹

门襟至后领圈挑
54针织10cm单罗
纹边缘再与平收
的20针处缝合

领子结构图

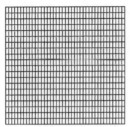

全下针

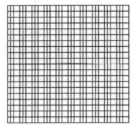

单罗纹

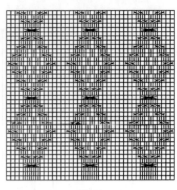

花样

连肩袖花朵毛衣

【成品尺寸】 衣长 39cm　胸围 28cm　连肩袖长 37cm

【工具】 3.5mm 棒针

【材料】 白色羊毛绒线若干

【密度】 10cm² : 20 针 ×28 行

【制作过程】

1. 毛衣由 6 个六边形织片组成，其中前片和后片的六边形多织 4 圈。

2. 前片六边形编织：在中间起 24 针，按 5 根针编织说明编织花样，用同样方法编织后片。

3. 袖片编织：袖片由 4 个六边形组成，织法与前后片一样。

4. 缝合：图中相同颜色对应缝合，侧缝在袖隆处挑起 2 针，织双罗纹，并边织边在前后片的两边挑针，织至 34 行后，已经挑完 36 针，同样方法织另一边侧缝。

5. 领圈边挑 104 针，织 10 行双罗纹，并在每个织片的缝合处减针至 96 针。编织完成。

花样的五根针织法的编织说明：

首先用线在手指上绕 2 圈，在圈上起 24 针，不收放平针织 2 圈。

第 3 圈织 4 针平针放 1 针（用纽针）……，共放 6 针。

第 4 圈织 4 针平针 1 针上针……（上一圈放的织上针）。

第 5 圈织 4 针平针放 1 针（用纽针）织 1 针上针放 1 针（用纽针）……

第 6 圈织 4 针平针 3 针上针……

第 7 圈织 4 针平针放 1 针（用纽针）织 3 针上针放 1 针（用纽针）……

第 8 圈织 4 针平针 5 针上针……

第 9 圈织 2 针平针放 1 针织 2 针平针放 1 针（用纽针）织 5 针上针放 1 针（用纽针）……

第 10 圈织 2 针平针 1 针上针 2 针平针 7 针上针……

第 11 圈织 2 针平针放 1 针 1 针上针放 1 针 2 针平针 7 针上针……

第 12 圈织 2 平针 3 上针 2 平针 7 上针……

第 13 圈起至 29 圈逢单圈 2 针平在上针两边各加 1 针上针 2 针平针共放 9 次（后面 7 针上针处不加）……

第 14 圈至 30 圈逢双圈对应上圈织上下针，加针处织上针……

第 31 圈 2 针平针在上针两边继续加 1 针 1 平针 2 针并 1 针 5 针上针 2 针并 1 针 1 平针……

第 32 圈对应上一圈织上下针（加针处织上针）……

第 33 圈 1 平针在上针两边继续各加 1 针 1 平针 2 针并 1 针 3 上针 2 针并 1 针 1 平针……

第 34 圈对应上一圈织上下针（加针处织上针）……

第 35 圈 1 平针在上针两边继续各加 1 针 1 平针 2 针并 1 针 1 上针 2 针并 1 针 1 平针……

第 36 圈对应上圈织上下针（加针处织上针），二个并针中间这针改织下针……

第 37 圈 1 平针在上针两边继续各加 1 针 1 平针 3 针并 1 针 1 平针……

第 38 圈对应上圈织上下针（加针处织上针）……

第 39 圈 1 针平针在上针两边继续各加 1 针 3 针并 1 针……

第 40 圈对应上圈织上下针（加针处织上针）……

最后织 1 圈上针、1 圈下针各织 3 圈。

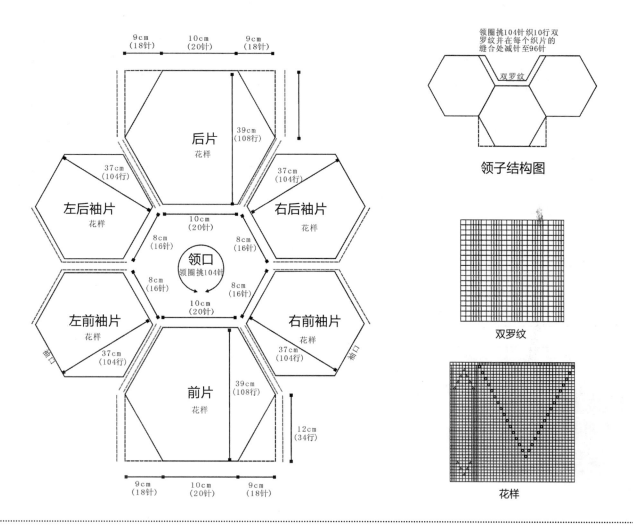

9cm
(18针)
10cm
(20针)
9cm
(18针)

后片
花样

39cm
(108行)

左后袖片
花样

37cm
(104行)

右后袖片
花样

37cm
(104行)

10cm
(20针)

8cm
(16针)

8cm
(16针)

领口
领圈挑104针

左前袖片
花样

8cm
(16针)

8cm
(16针)

右前袖片
花样

37cm
(104行)

37cm
(104行)

袖口

袖口

前片
花样

39cm
(108行)

12cm
(34行)

9cm
(18针)
10cm
(20针)
9cm
(18针)

领圈挑104针织10行双
罗纹并在每个织片的
缝合处减针至96针

双罗纹

领子结构图

双罗纹

花样

红色波浪小短裙

【成品尺寸】 裙子长 40cm　腰围 52cm

【工具】 3.5mm 棒针　缝衣针

【材料】 红色羊毛绒线若干

【密度】 10cm² : 20 针 ×28 行

【附件】 宽紧带 1 根

【制作过程】

1. 分 3 层分片编织，第 1 层起 208 针，先织 2cm 花样后，改织全下针，织至 10cm 时减针，方法是：2 针合并成 1 针，此时针数剩 104 针，继续编织 8cm 全下针，不用收针待用。

2. 第 2 层起 208 针，先织 2cm 花样后，改织全下针，织至 10cm 时减针，方法是：2 针合并成 1 针，此时的针数剩 104 针，与第 1 层的 104 针合并，然后继续编织 8cm 全下针，不用收针待用。

3. 第 3 层起 208 针，先织 2cm 花样后，改织全下针，织至 10cm 时减针，方法是：2 针合并成 1 针，此时针数剩 104 针，与第 2 层的 104 针合并，然后继续编织 12cm 全下针，收针断线。

4. 用缝衣针，把侧缝缝合，腰围对折缝合，用于穿宽紧带。编织完成。

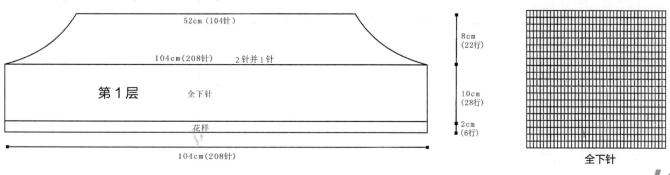

52cm（104针）

104cm（208针）　2针并1针

第1层　　　　全下针

花样

104cm（208针）

8cm
(22行)

10cm
(28行)

2cm
(6行)

全下针

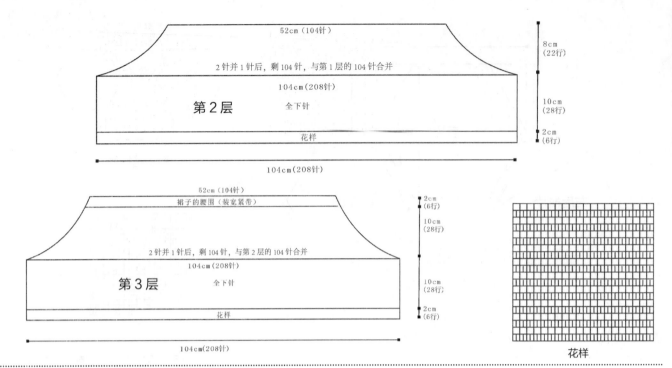

52cm（104针）

2针并1针后，剩104针，与第1层的104针合并

104cm（208针）

第2层　　　全下针

花样

104cm（208针）

8cm（22行）

10cm（28行）

2cm（6行）

52cm（104针）

裙子的腰围（装宽紧带）

2针并1针后，剩104针，与第2层的104针合并

104cm（208针）

第3层　　　全下针

花样

104cm（208针）

2cm（6行）

10cm（28行）

10cm（28行）

2cm（6行）

花样

迷彩条纹套头衫

【成品尺寸】衣长 45cm　胸围 66cm　袖长 42cm
【工具】3.5mm 棒针
【材料】缎染线若干　绿色羊毛绒线少许
【密度】10cm² : 14 针 × 20 行

【制作过程】

1. 前片:按图用缎染线，下针起针法起 46 针，织 4cm 单罗纹后，改织全下针，侧缝不用加减针，织至 12cm 时，换绿色线织 7cm 后，换回缎染线织 5cm，开始袖窿以上的编织，两边平收 2 针，然后袖窿减针，方法是：每 2 行减 1 针减 5 次，24 行平织。同时从袖窿算起，织 11cm 时，在中间平收 10 针，两边领窝减针，方法是：每 2 行减 1 针减 3 次，平织 6 行，至肩部余 8 针。

2. 后片：袖窿和袖窿以下织法与前片一样，在袖窿算起，织 15cm 时，在中间平收 12 针，两边领窝减针，方法是：每 2 行减 1 针减 2 次，至肩部余 8 针。

3. 袖片：按图用平针起针法起 28 针，织 4cm 单罗纹后，改织全下针，袖下按图加针，方法是：每 10 行加 1 针加 6 次，织至 30cm，按图示两边平收 2 针后，袖山减针，方法是：每 2 行减 1 针减 5 次，每 2 行减 2 针减 3 次，每 2 行减 3 针减 1 次，顶部余 8 针。

4. 编织结束后，将前后片侧缝、肩部、袖片对应缝合。

5. 领圈挑 42 针，织 4cm 全下针，形成自然卷边圆领。编织完成。

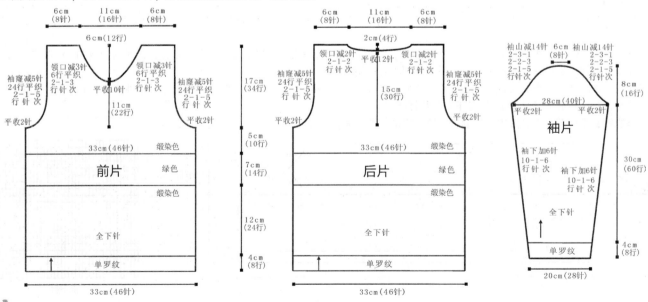

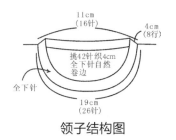

11cm
(16针)

4cm
(8行)

挑42针织4cm
全下针自然
卷边

全下针

19cm
(26针)

领子结构图

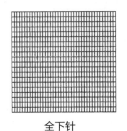

全下针

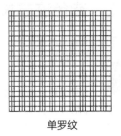

单罗纹

异域风情蝙蝠衫

【成品尺寸】 衣长 50cm　胸围 66cm
【工具】 3.5mm 棒针
【材料】 缎染羊毛绒线若干
【密度】 10cm² : 22 针 ×30 行

【制作过程】
1. 前片：按图起 72 针，织 8cm 花样 B 后，改织全下针，侧缝加针，方法是：每 2 行加 1 针加 19 次，织 13cm 后，不加不减织 10cm，再开始织肩部，并减针，方法是：每 2 行减 1 针减 19 次，每 2 行减 2 针减 8 次，织至 19cm 余 40 针，收针断线。
2. 后片：编织方法与前片一样。
3. 编织结束后，将前后片侧缝、肩部对应缝合。
4. 两边袖口按编织方向挑 44 针，织 8cm 花样 B。
5. 领圈挑 80 针，圈织 10cm 花样 A，形成圆领。编织完成。

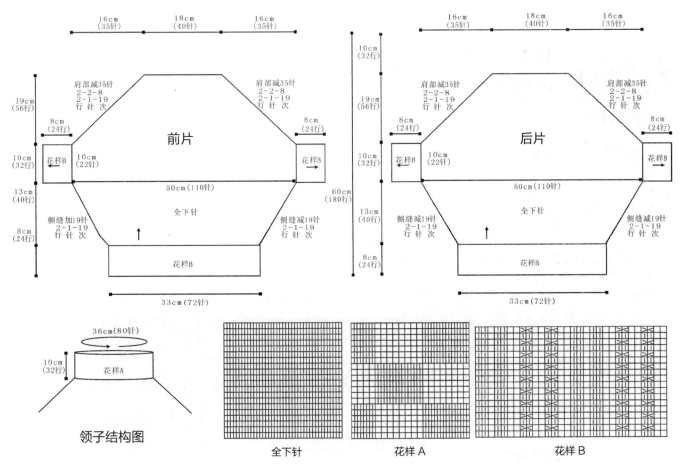

36cm(80针)

10cm
(32行)

花样A

领子结构图

全下针

花样 A

花样 B

紫色流苏披肩

【成品尺寸】 衣长 39cm　领圈 42cm

【工具】 3.5mm 棒针

【材料】 紫色羊毛绒线若干

【密度】 10cm² : 20 针 ×28 行

【附件】 自编装饰绳子 1 根

【制作过程】

1. 披肩从下往上圈织，起 224 针，在对称的左右两边各留 1 针筋，即按针法编织，针法是：1 行下针 1 行上针，重复一次后，织 28 行下针，再织 1 行下针 1 行上针，重复一次后，织 18 行下针，再织 1 行下针 1 行上针，重复一次后，再织 38 行下针。

2. 同时在筋的两边减针，每 2 行减 2 针减 35 次，共 70 针，左右两边筋共减 140 针。至领圈余 84 针，收针断线。

3. 取 18cm 等长的毛线若干，打结成流苏。

4. 穿上自编的装饰绳子，完成。

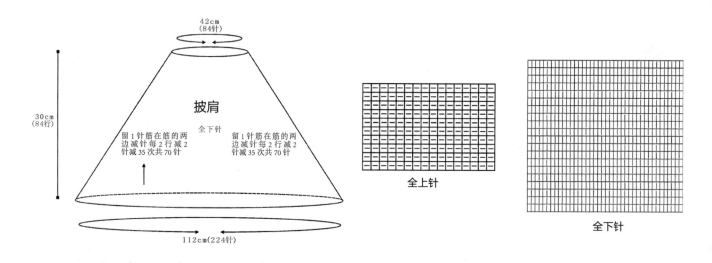

42cm
(84针)

30cm
(84行)

披肩

全下针

留 1 针筋在筋的两边减针每 2 行减 2 针减 35 次共 70 针

留 1 针筋在筋的两边减针每 2 行减 2 针减 35 次共 70 针

112cm(224针)

全上针

全下针

英文字母图案毛衣

【成品尺寸】 衣长 42cm　胸围 80cm　袖长 36cm

【工具】 3.5mm 棒针

【材料】 米白色、灰色羊毛绒线各若干

【密度】 10cm² : 22 针 ×32 行

【制作过程】

1. 前片：先用灰色线，按机器边起针法起 88 针，织 2 行后改用米白色线，织 8cm 单罗纹后，改用米白色线织全下针，并编入花样图案，侧缝不用加针，织至 19cm 时左右两边平收 5 针，开始按图收成插肩袖，再织 9cm 开领窝，直到完成。

2. 后片织法与前片一样，只是需按图开领窝。

3. 袖片：先用灰色线，按机器起针法起 55 针，织 2 行后改用米白色线，织 8cm 单罗纹后，改织全下针，袖下按图加针，织至 19cm 时按图示平收 5 针后，均匀减针，收成插肩袖山。

4. 编织结束后，将前后片侧缝、袖子缝合。

5. 领圈挑 108 针，先用米白色线织 5cm 单罗纹，再织 2 行，形成圆领。编织完成。

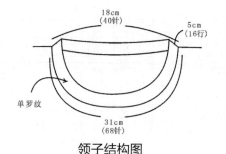

18cm
(40针)

5cm
(16行)

单罗纹

31cm
(68针)

领子结构图

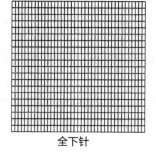

全下针

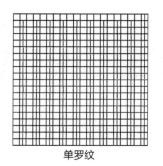

单罗纹

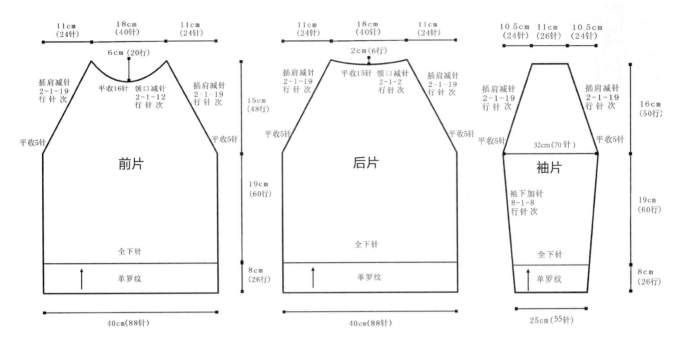

前片

插肩减针
2-1-19
行针次

平收16针

领口减针
2-1-12
行针次

平收5针

11cm
(24针)

18cm
(40针)

11cm
(24针)

6cm (20行)

15cm
(48行)

19cm
(60行)

8cm
(26行)

全下针

单罗纹

40cm(88针)

后片

插肩减针
2-1-19
行针次

平收15针

领口减针
2-1-2
行针次

插肩减针
2-1-19
行针次

平收5针

11cm
(24针)

18cm
(40针)

11cm
(24针)

2cm(6行)

平收5针

全下针

单罗纹

40cm(88针)

袖片

插肩减针
2-1-19
行针次

平收5针

10.5cm
(24针)

11cm
(26针)

10.5cm
(24针)

插肩减针
2-1-19
行针次

32cm(70针)

袖下加针
8-1-8
行针次

平收5针

16cm
(50行)

19cm
(60行)

8cm
(26行)

全下针

单罗纹

25cm(55针)

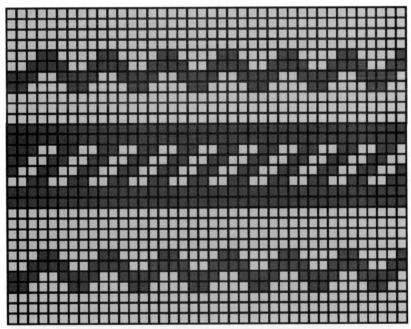

花样图案

卡通图案毛衣

【成品尺寸】衣长 42cm　胸围 84cm　袖长 36cm
【工具】3.5mm 棒针　绣花针
【材料】黑色、红色羊毛绒线各若干
【密度】10cm² : 22 针 × 32 行
【附件】装饰图案 2 个

【制作过程】

1. 前片：按图用机器边起针法起 84 针，织 6cm 双罗纹后，改织全下针，侧缝不用加减针，并编入配色图案，织至 21cm 时左右两边平收 5 针，并开始按图收成袖窿，再织 9cm 开领窝至织完成。
2. 后片：织法与前片一样，只是需按图开领窝。
3. 袖片：按图用机器边起针法起 55 针，织 6cm 双罗纹后，改织全下针，袖下按图加针，织至 21cm 时按图示均匀减针，收成袖山。
4. 编织结束后，将前后片侧缝、肩部、袖片缝合。
5. 领圈挑 108 针，织 5cm 双罗纹，形成圆领。
6. 装饰：用绣花针缝上装饰图案。编织完成。

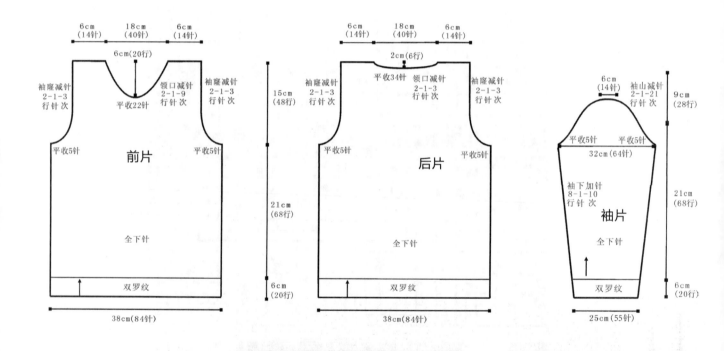

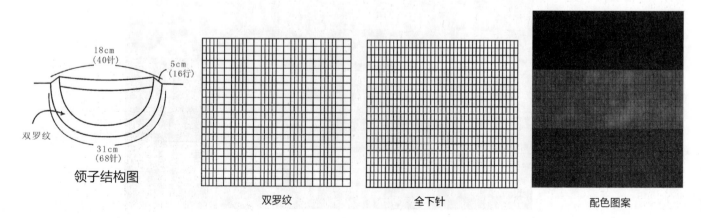

领子结构图　　　　　双罗纹　　　　　全下针　　　　　配色图案

小老鼠图案宽松毛衣

【成品尺寸】衣长 42cm　胸围 84cm　袖长 36cm
【工具】3.5mm 棒针
【材料】深蓝色羊毛绒线若干　淡蓝色羊毛绒线少许　黄色、黑色、橘黄色线各少许
【密度】10cm² : 22 针 ×32 行

【制作过程】

1. 前片：按图用机器边起针法起 110 针，织 3cm 花样后，改织全下针，并按图编入前片和下摆图案，侧缝不用加减针，织至 24cm 时每织 3 针减掉 1 针，剩 84 针，然后左右两边平收 5 针，并开始按图收成袖窿，再织 9cm 开领窝至织完成。
2. 后片：织法与前片一样，只是需按图开领窝。
3. 袖片：按图用机器边起针法起 55 针，织 3cm 双罗纹后，改织全下针，并按图编入衣袖图案，袖下按图加针，织至 24cm 按图示均匀减针，收成袖山。
4. 编织结束后，将前后片侧缝、肩部、袖片对应缝合。
5. 领圈挑 108 针，织 3cm 单罗纹，形成圆领。编织完成。

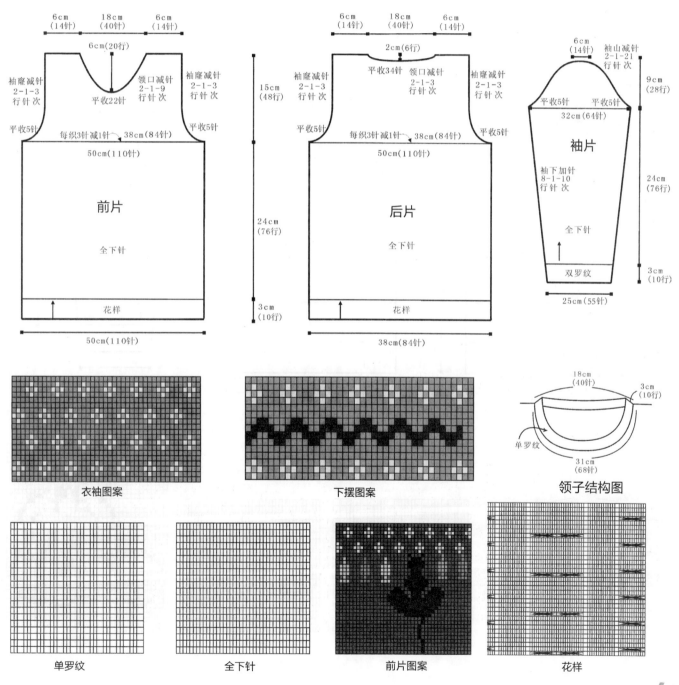

衣袖图案

下摆图案

领子结构图

单罗纹

全下针

前片图案

花样

可爱狗狗拼色毛衣

【成品尺寸】 衣长 42cm 胸围 80cm 袖长 36cm
【工具】 3.5mm 棒针 缝衣针
【材料】 黄色、黑色羊毛绒线各若干
【密度】 10cm² : 22 针 × 32 行

【制作过程】

1. 前片：先用黑色线，按机器边起针法起 88 针，织 8cm 双罗纹后，改织全下针，并按花样图案配色，侧缝不用加减针，织至 19cm 时左右两边平收 5 针，开始按图收成插肩袖，再织 9cm 开领窝，至织完成。

2. 后片：织法与前片一样，只是需按图开领窝。

3. 袖片：先用黑色线，按机器起针法起 54 针，织 8cm 双罗纹后，改织全下针，并按图配色，袖下按图加针，织至 19cm 时按图示平收 5 针后，均匀减针，收成插肩袖山。

4. 编织结束后，将前后片侧缝、袖子缝合。

5. 领圈挑 108 针，用黄色线织 3cm 双罗纹，形成圆领。编织完成。

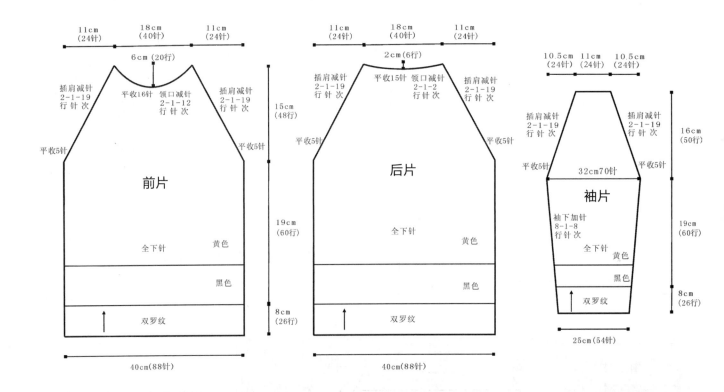

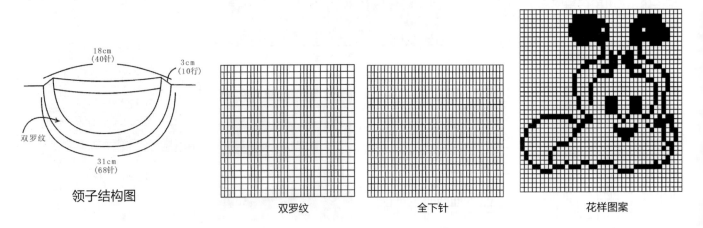

领子结构图　　　双罗纹　　　全下针　　　花样图案

清新果园风毛衣

【成品尺寸】 衣长 50cm　胸围 76cm　袖长 50cm
【工具】 3.5mm 棒针
【材料】 玫红色羊毛绒线若干
【密度】 10cm² : 28 针 ×34 行

【制作过程】

1. 先起 96 针，织花样，并按花样加针，织至 14cm 时织完花样，此时针数为 312 针。
2. 继续编织全下针，并分出前后片和两袖片的针数，之间加针，方法是：每 4 行加 2 针加 6 次，前后片各 106 针，两袖片各 62 针。
3. 分出前片 106 针，继续编织，侧缝不用加减针，先织 23cm 全下针后，改织 7cm 单罗纹，分出后片 106 针，后片织法与前片一样。
4. 袖片分出 62 针，继续编织，先织 25cm 全下针后，袖下减针，方法是：每 14 行减 1 针减 6 次，再改织 5cm 单罗纹。
5. 把侧缝和袖下对应缝合。编织完成。

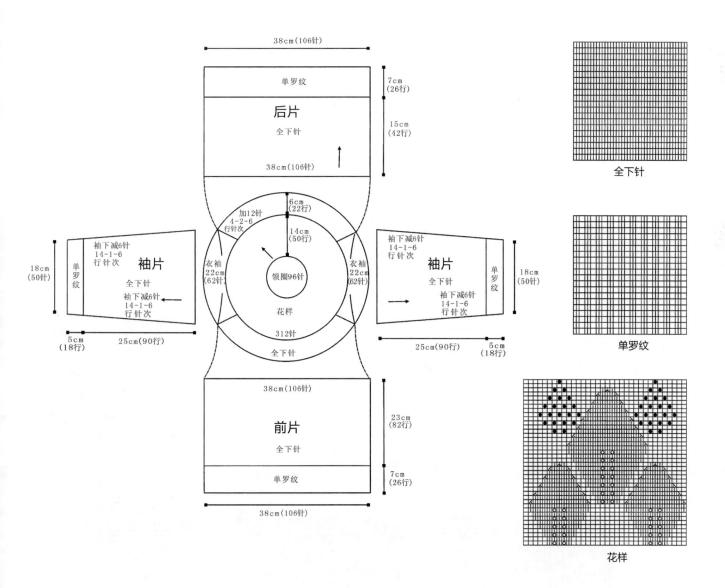

全下针

单罗纹

花样

牵手娃娃套头衫

【成品尺寸】衣长 45cm　胸围 72cm　袖长 52cm
【工具】3.5mm 棒针
【材料】白色羊毛绒线若干　玫红色羊毛绒线少许
【密度】10cm² : 28 针 ×38 行

【制作过程】

1.从领圈往下编织，按编织方向，用一般起针法起 104 针，先织 16 行单罗纹，作为领子，然后继续织全下针，并编入花样 B，此时开始分前后片和袖片，每片之间各留 2 针的筋，并在 2 针筋两边每 2 行各加 2 针加 30 次，织至 18cm 时，针数为 344 针，分片编织时，在每片的两边直加 3 针至 368 针。

2.后片：分出 100 针，继续织 22cm 全下针后，侧缝不用加减针，并编入花样 A，再改织 5cm 单罗纹。

3.前片：分出 100 针，织法与后片一样。

4.袖片：分出 72 针，继续织 29cm 全下针，袖下减针，方法是：每 22 行减 1 针减 5 次，然后织 5cm 单罗纹。

5.将前片、后片和袖片对应缝合。编织完成。

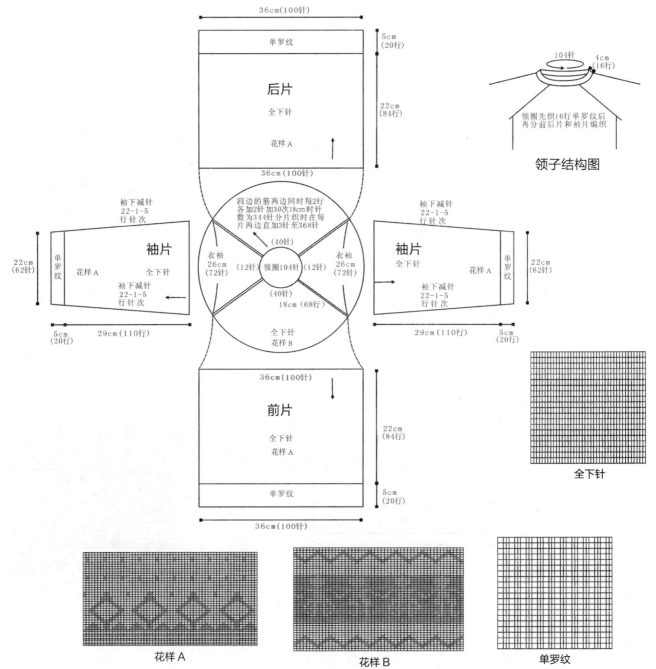

领子结构图

领圈先织16行单罗纹后再分前后片和袖片编织

全下针

花样 A

花样 B

单罗纹

纯白套头毛衣

【成品尺寸】衣长53cm　胸围84cm　袖长50cm
【工具】3.5mm 棒针
【材料】白色羊毛绒线若干
【密度】10cm² : 24 针 × 36 行

【制作过程】

1. 前片：按图用下针起针法起 100 针，织 5cm 单罗纹后，改织花样 A，侧缝不用加减针，织至 27cm 时，开始袖窿以上的编织，两边平收 5 针，然后袖窿减针，方法是：每 2 行减 1 针减 8 次，60 行平织。同时在袖窿算起，织 14cm 时，在中间平收 28 针，两边领窝减针，方法是：每 2 行减 1 针减 3 次，平织 18 行，至肩部余 20 针。

2. 后片：袖窿和袖窿以下织法与前片一样。在袖窿算起，织 19cm 时，在中间平收 30 针，两边领窝减针，方法是：每 2 行减 1 针减 2 次，平织 2 行，至肩部余 20 针。

3. 袖片：按图用平针起针法起 48 针，织 5cm 单罗纹后，改织花样 A，袖下按图加针，方法是：每 10 行加 1 针加 12 次，织至 34cm 按图示减针，收成袖山，方法是：每 2 行减 1 针减 5 次，每 2 行减 2 针减 2 次，每 2 行减 3 针减 3 次，每 2 行减 4 针减 1 次，顶部余 14 针。

4. 编织结束后，将前后片侧缝、肩部、袖片对应缝合。

5. 领圈挑 128 针，织 4cm 单罗纹，形成圆领。编织完成。

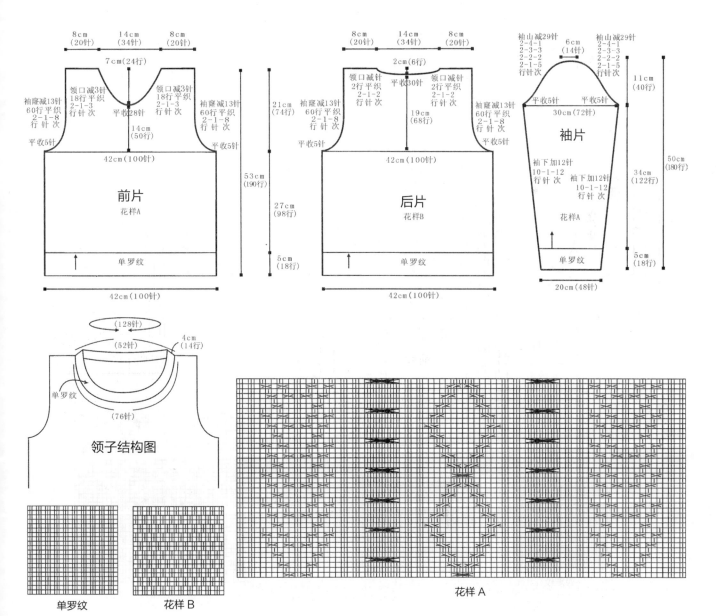

九分袖连帽外套

【成品尺寸】 衣长 31cm　胸围 68cm　连肩袖长 28cm

【工具】 3.5mm 棒针　绣花针

【材料】 粉红色羊毛绒线若干

【密度】 10cm² : 20 针 ×28 行

【附件】 纽扣 3 枚

【制作过程】

1. 前片：分左右 2 片编织。左前片：下针起针法起 40 针，留 6 针织花样 B，作为门襟，34 针织 6cm 双罗纹，然后改织 6cm 花样 A，侧缝不用加减针，全部留针不收待用，对应编织右前片。

2. 后片：下针起针法起 68 针，织 6cm 双罗纹后，改织 6cm 花样 A，侧缝不用加减针，留针不收待用。

3. 袖片：下针起针法起 66 针，先织 3cm 双罗纹后，改织 6cm 花样 A，留针不收待用，用同样方法编织另一袖片。

4. 环形片：把前片、后片和袖片的针数全部合并编织花样 A，门襟继续织花样 B，并在各织片的两边各留 1 针径，在两边减针，形成插肩袖，方法是：每 2 行每径两边各减 1 针，共减 184 针，织 19cm 时至领窝余 56 针，环形片完成。

5. 领窝的 56 针，继续织 19cm 花样 A 的一个长方形作为帽子，帽顶 A 与 B 缝合。

6. 缝合：把前后片的侧缝对应缝合，两个袖片的袖下分别缝合。

7. 装饰：缝上纽扣。编织完成。

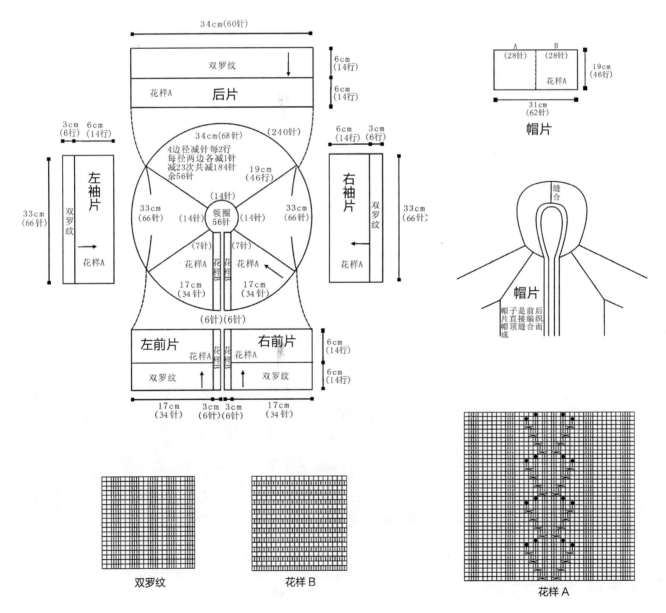

宝宝的贴心
手工毛衣

个性拼接毛衣

【成品尺寸】 衣长 46cm　胸围 64cm　袖长 43cm

【工具】 3.5mm 棒针

【材料】 绿色、黑色羊毛绒线各若干

【密度】 10cm² : 22 针 ×28 行

【制作过程】

1. 前片：按图用下针起针法起 57 针，织 3cm 双罗纹后，改织花样，并在两边同时平加 7 针，此时的针数为 70 针，继续编织，侧缝不用加减针，按图配色，织至 26cm 时，开始袖窿以上的编织，两边袖窿按图减针，方法是：每 2 行减 2 针减 1 次，每 2 行减 1 针减 3 次，40 行平织。同时从袖窿算起，织 9cm 时，在中间平收 26 针，两边领窝减针，方法是：每 2 行减 1 针减 3 次，平织 16 行。

2. 后片：袖窿和袖窿以下织法与前片一样。从袖窿算起，织 15cm 时，在中间平收 28 针，两边领窝减针，方法是：每 2 行减 1 针减 2 次，平织 2 行。

3. 袖片：按图用平针起针法起 44 针，织 3cm 双罗纹后，改织花样，袖下按图加针，方法是：每 6 行加 1 针加 13 次，织至 31cm 按图示减针，收成袖山，方法是：每 2 行减 1 针减 6 次，每 2 行减 2 针减 2 次，每 2 行减 3 针减 3 次，每 2 行减 4 针减 1 次，顶部余 13 针。

4. 编织结束后，将前后片侧缝、肩部、袖片对应缝合。

5. 领圈挑 103 针，织 3cm 双罗纹，形成圆领，两边侧缝的下摆挑 50 针，织 3cm 双罗纹。编织完成。

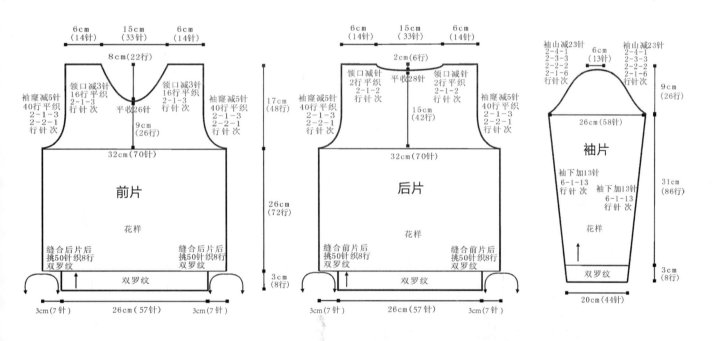

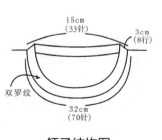

领子结构图

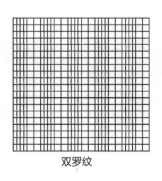

双罗纹

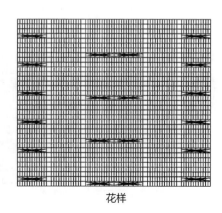

花样

黑色条纹毛衣

【成品尺寸】衣长 44cm　胸围 72cm　袖长 42cm
【工具】3.5mm 棒针
【材料】蓝色羊毛绒线若干　黑色羊毛绒线少许
【密度】10cm² : 22 针 ×30 行

【制作过程】

1. 前片 : 用蓝色羊毛绒线起 2 针织全下针，并加针，方法是 : 每 2 行加 2 针加 6 次，用同样方法织 2 片，加 52 针后合并继续编织，侧缝不用加减针，中间 52 针织花样 A，织至 25cm 时，开始袖窿以上的编织，两边平收 5 针，然后袖窿减针，方法是 : 每 2 行减 1 针减 5 次，38 行平织。同时从袖窿算起，织 11cm 时，在中间平收 20 针，两边领窝减针，方法是 : 每 2 行减 1 针减 3 次，平织 8 行，至肩部余 18 针。

2. 后片 : 袖窿和袖窿以下织法与前片一样，从袖窿算起，织 14cm 时，在中间平收 22 针，两边领窝减针，方法是 : 每 2 行减 1 针减 2 次，平织 2 行，至肩部余 18 针。

3. 袖片 : 按图用蓝色羊毛绒线平针起针法起 44 针，织 3cm 花样 B 后，改织全下针，并用黑色羊毛绒线配色，袖下按图加针，方法是 : 每 10 行加 1 针加 9 次，织至 32cm，按图示两边平收 5 针后，袖山减针，方法是 : 每 2 行减 1 针减 6 次，每 2 行减 2 针减 2 次，每 2 行减 3 针减 2 次，每 2 行减 4 针减 1 次，顶部余 14 针。

4. 编织结束后，将前后片侧缝、肩部、袖片对应缝合。

5. 领圈挑 82 针，织 3cm 花样 B，形成圆领，下摆挑 168 针，织 3cm 花样 B。编织完成。

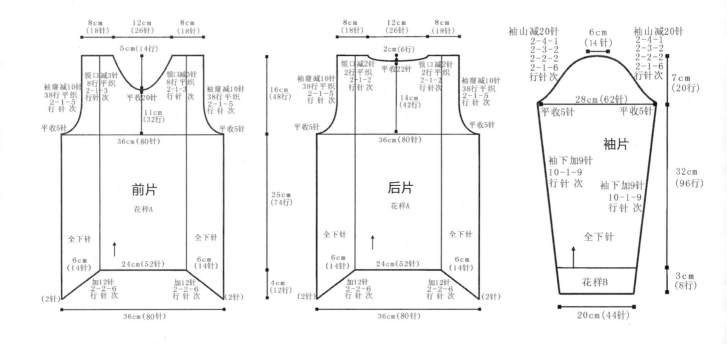

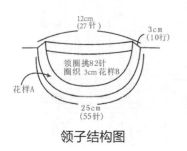

领子结构图

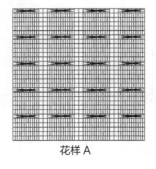

花样 A

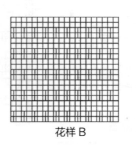

花样 B

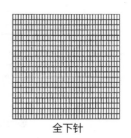

全下针

亮丽灯笼装毛衣

【成品尺寸】 衣长 55cm　胸围 68cm　袖长 37cm
【工具】 3.5mm 棒针
【材料】 玫红色羊毛绒线若干
【密度】 10cm² : 24 针 × 30 行

【制作过程】

1. 前片:按图用机器边起针法起 82 针,织 3cm 双罗纹后,编排花样,两边 21 针全下针,中间 40 针花样 A,往上编织,侧缝不用加减针,织至 31cm 时,两边 21 针改织花样 B,再织 2cm,开始袖窿以上的编织,两边袖窿减针,方法是:每 2 行减 1 针减 5 次,46 行平织。同时从袖窿算起,织 11cm 时,在中间平收 16 针,两边领窝减针,方法是:每 2 行减 2 针减 6 次,至肩部余 16 针。

2. 后片:按图用机器边起针法起 82 针,织 3cm 双罗纹后,改织全下针,至 31cm 时改织花样 B,再织 2cm,开始袖窿以上的编织,两边袖窿的减针方法与前片一样,从袖窿算起,织 12cm 时,在中间平收 32 针,两边领窝减针,方法是:每 2 行减 2 针减 2 次,平织 4 行,至肩部余 16 针。

3. 袖片:按图用机器边起针法起 48 针,织 3cm 双罗纹后,改织花样 B,袖下按图加针,方法是:每 8 行加 1 针加 9 次,织至 27cm,按图示两边袖山减针,方法是:每 2 行减 2 针减 5 次,每 2 行减 3 针减 4 次,每 2 行减 4 针减 1 次,顶部余 14 针。

4. 编织结束后,将前后片侧缝、肩部、袖片对应缝合。

5. 领圈挑 116 针,织 3cm 双罗纹,形成圆领。编织完成。

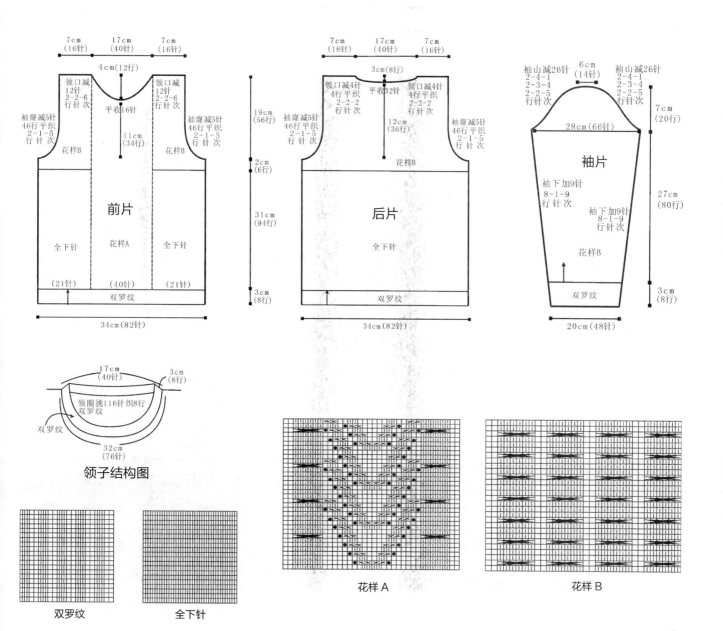

领子结构图

双罗纹

全下针

花样 A

花样 B

牛角扣宽松毛衣

【成品尺寸】 衣长 47cm 胸围 33cm 袖长 47cm
【工具】 3.5mm 棒针
【材料】 绿色羊毛绒线若干
【密度】 10cm² : 22 针 ×28 行
【附件】 纽扣 4 枚

【制作过程】

1. 前片：从下摆起 72 针，先织 7cm 双罗纹，再改织花样 A，侧缝不用加减针，织至 23cm 时，留针待用。

2. 后片：织法与前片一样。

3. 袖片：左袖片从袖口起 44 针，先织 20cm 双罗纹后，改织花样 A，袖下加针，方法是：每 6 行加 1 针加 6 次，加至 23cm，针数为 56 针，留针待用。用同样方法编织右袖片。

4. 把前后片和两边袖片，全部按结构图合并，共 256 针，在 4 边肩斜处各分出 10 针织花样 B，在左边肩斜重叠挑 10 针，形成肩斜门襟，其余继续织花样 A，并且一边织一边减针，方法是：每 3 行减 1 针减 16 次，织 17cm 至领圈，并均匀开纽扣。此时余 98 针，改织 44 行双罗纹，形成翻领。

5. 缝上纽扣。编织完成。

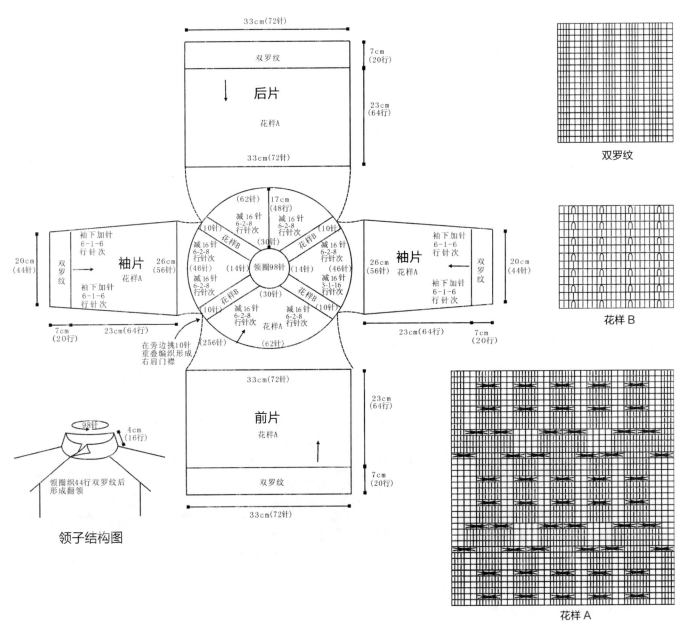

麻花纹套头毛衣

【成品尺寸】 衣长 53cm 胸围 84cm 袖长 50cm
【工具】 3.5mm 棒针
【材料】 灰色羊毛绒线若干
【密度】 10cm² : 24 针 ×36 行

【制作过程】

1. 前片：按图用下针起针法起 100 针，织 5cm 单罗纹后，改织花样 A，侧缝不用加减针，织至 27cm 时，开始袖窿以上的编织，两边平收 5 针，然后袖窿减针，方法是：每 2 行减 1 针减 8 次，60 行平织。同时从袖窿算起，织 14cm 时，在中间平收 28 针，两边领窝减针，方法是：每 2 行减 1 针减 3 次，平织 18 行，至肩部余 20 针。

2. 后片：袖窿和袖窿以下织法与前片一样。从袖窿算起，织 19cm 时，在中间平收 30 针，两边领窝减针，方法是：每 2 行减 1 针减 2 次，平织 2 行，织至肩部余 20 针。

3. 袖片：按图用平针起针法起 48 针，织 5cm 单罗纹后，改织花样 A，袖下按图加针，方法是：每 10 行加 1 针加 12 次，织至 34cm 按图示减针，收成袖山，方法是：每 2 行减 1 针减 5 次，每 2 行减 2 针减 2 次，每 2 行减 3 针减 3 次，每 2 行减 4 针减 1 次，顶部余 14 针。

4. 编织结束后，将前后片侧缝、肩部、袖片对应缝合。

5. 领圈挑 94 针，织 3cm 单罗纹，形成圆领。编织完成。

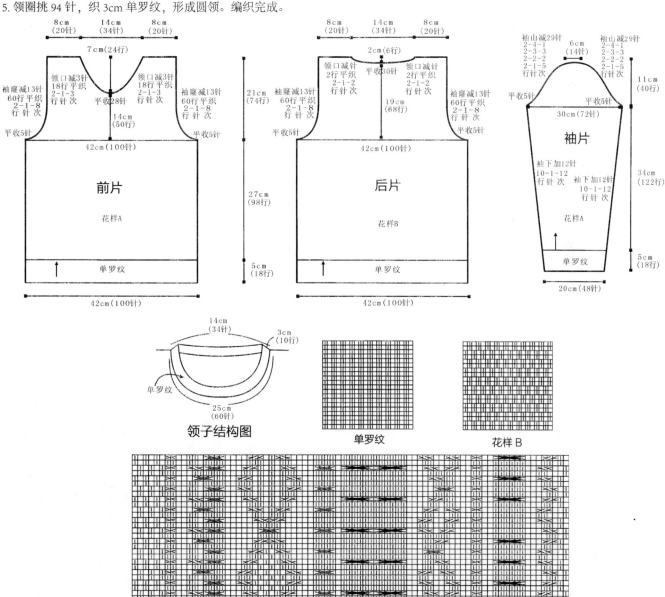

领子结构图

单罗纹

花样 B

花样 A

立体花朵高领毛衣

【成品尺寸】 衣长 57cm　胸围 80cm　袖长 45cm

【工具】 3.5mm 棒针

【材料】 紫色羊毛绒线若干

【密度】 10cm² : 20 针 × 28 行

【制作过程】

1. 前片：按图用下针起针法起 80 针，织 3cm 单罗纹后，改织 34cm 花样，再改织全下针，侧缝不用加减针，再织 3cm 时，开始袖窿以上的编织，两边平收 5 针，然后袖窿减针，方法是：每 2 行减 1 针减 12 次，24 行平织。同时从袖窿算起，织 12cm 时，在中间平收 20 针，两边领窝减针，方法是：每 2 行减 1 针减 3 次，平织 8 行，至肩部余 10 针。

2. 后片：袖窿和袖窿以下织法与前片一样，不用开领窝。

3. 袖片：按图用平针起针法起 36 针，织 28cm 单罗纹后，改织花样，并按图加针，方法是：每 2 行加 1 针加 8 次，织至 7cm，按图示两边平收 5 针后，袖山减针，方法是：每 2 行减 1 针减 6 次，每 2 行减 2 针减 3 次，每 2 行减 3 针减 1 次，顶部余 12 针。

4. 编织结束后，将前后片侧缝、肩部对应缝合，袖片打皱褶后，与袖窿边缝合。

5. 领圈挑 86 针，圈织 7cm 单罗纹，形成半高领。编织完成。

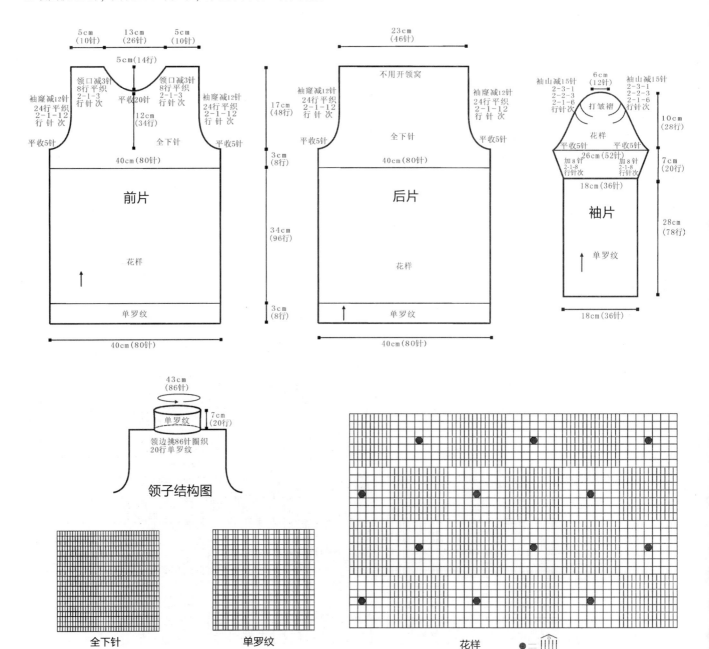

波浪下摆娃娃毛衣

【成品尺寸】 衣长 42cm　胸围 80cm　袖长 36cm
【工具】 3.5mm 棒针
【材料】 橙红色羊毛绒线若干
【密度】 10cm² : 22 针 × 32 行

【制作过程】

1. 前片：按图用机器边起针法起88针，织6cm花样B后，改织全下针，侧缝不用加减针，织至21cm时改织花样A，左右两边平收5针，并开始按图收成袖窿，再织9cm开领窝至织完成。

2. 后片：织法与前片一样，只是需按图开领窝。

3. 袖片：按图用机器边起针法起55针，织6cm双罗纹后，改织全下针，袖下按图加针，织至21cm时按图示均匀减针，收成袖山。

4. 编织结束后，将前后片侧缝、肩部、袖片缝合。

5. 领圈挑108针，织3cm双罗纹，形成圆领。编织完成。

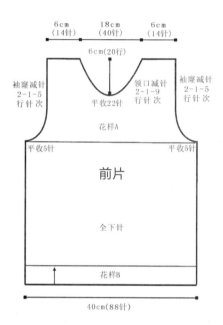

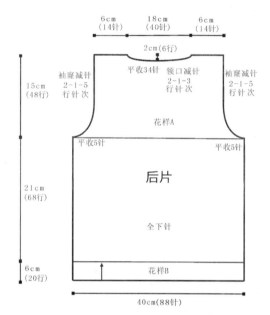

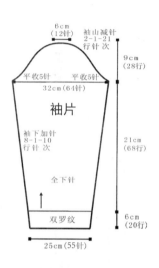

领子结构图

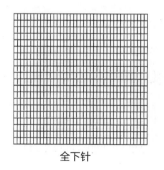

全下针

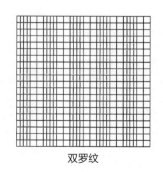

双罗纹

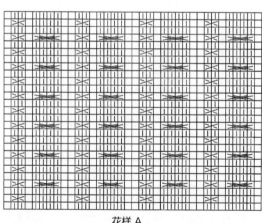

花样 A

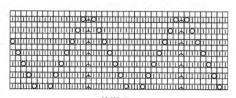

花样 B

牛角扣连帽外套

【成品尺寸】 衣长 50cm 胸围 64cm 袖长 35cm

【工具】 3.5mm 棒针 绣花针

【材料】 灰色羊毛绒线若干

【密度】 10cm² : 22 针 × 30 行

【附件】 纽扣 5 枚

【制作过程】

1. 前片：分左右 2 片编织，左前片起 36 针，织 8cm 花样 B 后，改织花样 A，侧缝不用加减针，织至 10cm 时，中间织 12 行双罗纹，然后平收 20 针，两边各余 8 针待用，内衣袋另起 20 针，织花样 A，织至 14cm 时，与前面待用的两边 8 针合并，继续编织，织至 10cm 时，开始编织袖窿以上部分，袖窿平收 5 针，开始按图收成袖窿，减针方法是：每 2 行减 1 针减 5 次，平织 44 行。同时从袖窿算起，织至 13cm 时平收 5 针后开领窝，方法是：每 2 行减 1 针减 9 次，至肩部余 11 针。用同样方法对应织右前片。

2. 后片：起 72 针，织 8cm 花样 B 后，改织花样 C，侧缝不用加减针，织至 24cm 时左右两边各平收 5 针，开始按图收成袖窿，减针方法与前片袖窿一样，同时从袖窿算起织 16cm 时，中间平收 22 针开领窝，减针方法是：每 2 行减 1 针减 3 次，至肩部余 11 针。

3. 袖片：起 48 针，织 6cm 双罗纹后，改织花样 A，袖下两边按图加针，加针方法是：每 6 行加 1 针加 11 次，织至 21cm 时两边各平收 5 针，按图示均匀减针，收成袖山，减针方法是：每 2 行减 1 针减 9 次，每 2 行减 2 针减 2 次，每 2 行减 3 针减 2 次，每 2 行减 4 针减 1 次，至顶部余 14 针。

4. 编织结束后，将前后片侧缝、肩部、袖片对应缝合。领边挑 60 针，织 30cm 花样 C，帽缘 A 与 B 缝合，形成帽片。两边门襟至帽缘挑 326 针，织 18 行花样 B，右前片均匀地开纽扣孔。

5. 装饰：用绣花针缝上纽扣。编织完成。

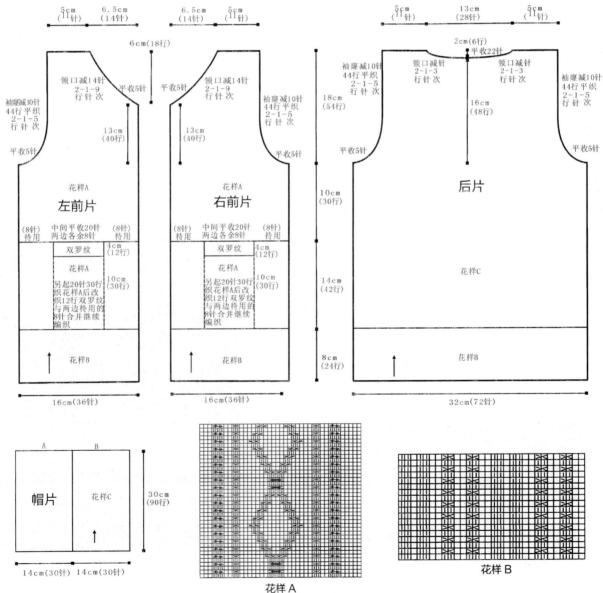

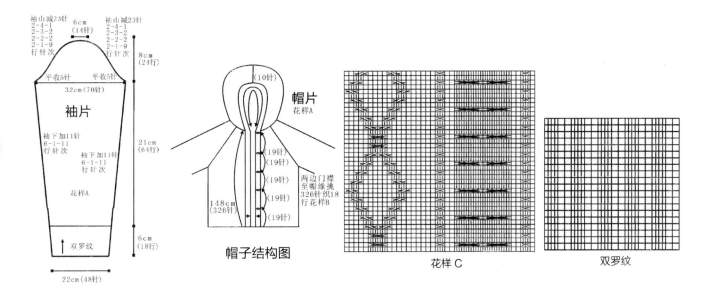

袖山减23针　6cm　袖山减23针
2-4-1　（14针）　2-4-1
2-3-2　　　　　2-3-2
2-2-2　　　　　2-2-2
2-1-9　　　　　2-1-9
行针次　　　　　行针次

8cm
(24行)

平收5针　　平收5针
32cm(70针)

袖片

袖下加11针
6-1-11
行针次　　　袖下加11针
　　　　　　6-1-11
　　　　　　行针次

21cm
(64行)

花样A

双罗纹

6cm
(18行)

22cm(48针)

(10针)

帽片
花样A

(19针)
(19针)
(19针)
148cm　　(19针)
(326针)
　　　　　(19针)

两边门襟
至帽缘挑
326针织18
行花样B

帽子结构图

花样C　　　　双罗纹

卡通图案拼色毛衣

【**成品尺寸**】衣长 40cm　胸围 60cm　袖长 35cm
【**工具**】3.5mm 棒针　缝衣针
【**材料**】蓝色羊毛绒线若干　灰色、白色羊毛绒线各少许
【**密度**】10cm² : 28 针 ×38 行
【**附件**】亮珠 1 颗　装饰带子 1 根

【**制作过程**】

1. 前片：用灰色线起 84 针，织 4cm 单罗纹后，改织全下针，并用白色羊毛绒线编入花样图案，织至 23cm 时，左右两边平收 4 针，开始减针成插肩袖，方法是：每 2 行减 1 针减 20 次，平织 10 行，同时从插肩袖窿算起，织 7cm 处，在中间平收 24 针开领窝，方法是：每 2 行减 1 针减 6 次，平织 10 行。

2. 后片：插肩袖窿以下织法与前片一样，领窝的减针：从插肩袖窿算起 11cm 处，在中间平收 32 针开领窝，方法是：两边每 2 行减 1 针减 2 次，平织 2 行。

3. 袖片：先用灰色线起 56 针，先织 4cm 单罗纹后，改用蓝色线织全下针，袖下按图加针，方法是：每 6 行加 1 针加 11 次，织至 20cm 时，两边平收 4 针，收成插肩袖山，方法是：每 2 行减 1 针减 20 次，肩部余 30 针。

4. 编织结束后，将前后片侧缝、袖子对应缝合。

5. 领圈用蓝色线挑 98 针，织 3cm 单罗纹，形成圆领。

6. 装饰：用缝衣针缝上亮珠和装饰带子。编织完成。

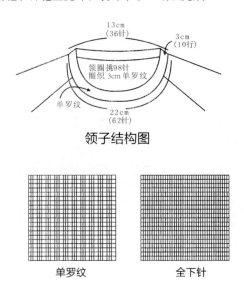

13cm
(36针)

3cm
(10行)

领圈挑98针
圈织3cm单罗纹

单罗纹

22cm
(62针)

领子结构图

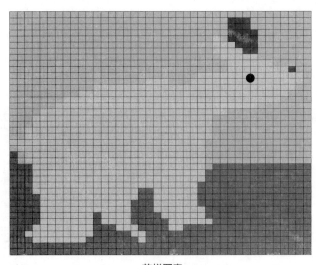

花样图案

单罗纹　　　全下针

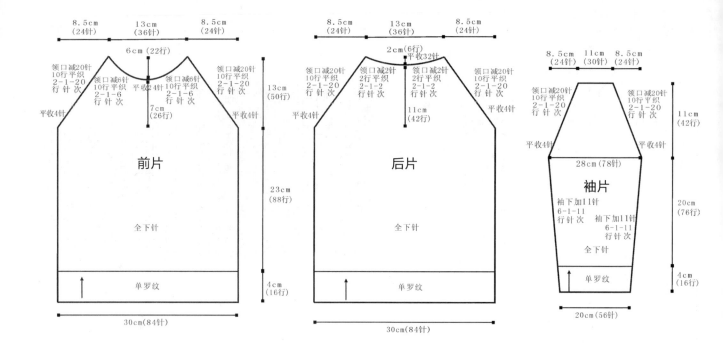

前片

8.5cm(24针) 13cm(36针) 8.5cm(24针)

6cm(22行)

领口减20针 10行平织 2-1-20 行针次

领口减6针 10行平织 2-1-6 行针次

平织24针

领口减6针 10行平织 2-1-6 行针次

领口减20针 10行平织 2-1-20 行针次

7cm(26行)

平收4针

平收4针

全下针

单罗纹

13cm(50行)

23cm(88行)

4cm(16行)

30cm(84针)

后片

8.5cm(24针) 13cm(36针) 8.5cm(24针)

2cm(6行)

领口减20针 10行平织 2-1-20 行针次

领口减2针 2行平织 2-1-2 行针次

平收32针

领口减2针 2行平织 2-1-2 行针次

领口减20针 10行平织 2-1-20 行针次

11cm(42行)

平收4针

平收4针

全下针

单罗纹

30cm(84针)

袖片

8.5cm(24针) 11cm(30针) 8.5cm(24针)

领口减20针 10行平织 2-1-20 行针次

领口减20针 10行平织 2-1-20 行针次

平收4针

平收4针

28cm(78针)

袖下加11针 6-1-11 行针次

袖下加11针 6-1-11 行针次

全下针

单罗纹

20cm(56针)

11cm(42行)

20cm(76行)

4cm(16行)

麻花纹连帽外套

【成品尺寸】 衣长43cm 胸围46cm 袖长42cm

【工具】 3.5mm 棒针 缝衣针

【材料】 紫红色羊毛绒线若干

【密度】 10cm² : 22针 ×30行

【附件】 纽扣5枚

【制作过程】

1. 前片：分左右2片编织。左前片：(1) 下针起针法起50针，先织6cm双罗纹后，改织花样，侧缝不用加减针，织至25cm时，两边袖窿平收5针后，进行袖窿减针，方法是：每2行减1针共9次，共减9针，不加不减织18行至肩部。

(2) 肩部平收20针，门襟余16针继续编织帽片，织至17cm收针断线。用同样方法编织右前片。

2. 后片：(1) 下针起针法起100针，先织6cm双罗纹后，改织全下针，侧缝不用加减针，织至25cm时，两边袖窿平收5针后，进行袖窿减针，方法与前片袖窿一样，不加不减织18行至肩部。

(2) 两边肩部平收12针，中间32针继续编织帽片，织至17cm收针断线。

3. 袖片编织：起48针，先织6cm双罗纹后，改织花样，袖下减针，方法是：每6行减1针减11次，织至24cm时两边各平收4针后，进行袖山减针，方法是：每2行减1针减18次，至顶部余26针。

4. 缝合：前后片的侧缝和肩部对应缝合，帽顶对应缝合，袖片的袖下缝合后与身片的袖口缝合。

5. 两边门襟至帽子边挑384针，织16行双罗纹，左边门襟均匀地开纽扣孔，缝上纽扣。编织完成。

帽片

帽子是前后片直接编织，帽顶缝合面成

两边门襟至帽边挑384针织16行双罗纹

(16行)

帽子结构图

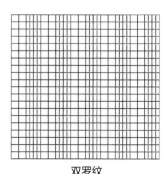

全下针　　　　双罗纹

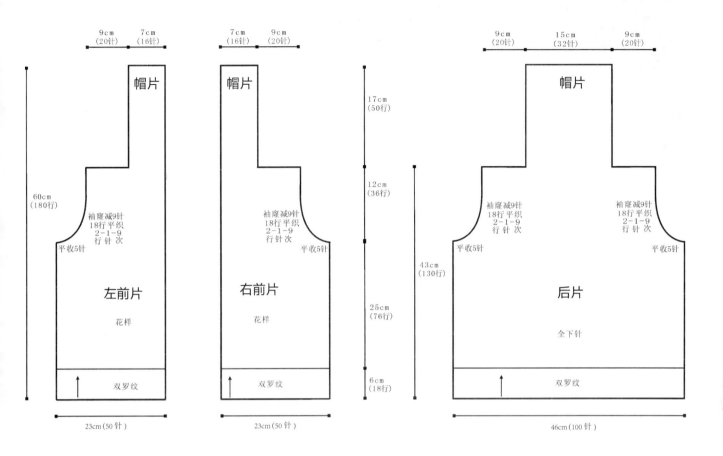

9cm（20针）　7cm（16针）　7cm（16针）　9cm（20针）　9cm（20针）　15cm（32针）　9cm（20针）

帽片　　帽片　　帽片

17cm（50行）

12cm（36行）

60cm（180行）

袖窿减9针
18行平织
2-1-9
行针次

平收5针

左前片

花样

袖窿减9针
18行平织
2-1-9
行针次

平收5针

右前片

花样

43cm（130行）

袖窿减9针
18行平织
2-1-9
行针次

平收5针

袖窿减9针
18行平织
2-1-9
行针次

平收5针

后片

全下针

25cm（76行）

6cm（18行）

双罗纹　　双罗纹　　双罗纹

23cm（50针）　　23cm（50针）　　46cm（100针）

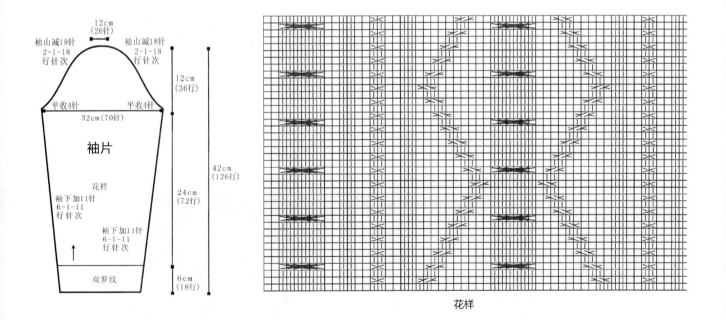

12cm（26针）

袖山减18针
2-1-18
行针次

袖山减18针
2-1-18
行针次

12cm（36行）

平收4针　　平收4针
32cm（70针）

袖片

花样

袖下加11针
6-1-11
行针次

袖下加11针
6-1-11
行针次

42cm（126行）

24cm（72行）

双罗纹

6cm（18行）

花样

花纹拼接连帽外套

【成品尺寸】衣长 43cm　胸围 64cm　袖长 42cm
【工具】3.5mm 棒针　绣花针
【材料】紫色羊毛绒线若干
【密度】10cm² : 22 针 ×30 行
【附件】纽扣 6 枚

【制作过程】

1. 前片：分左右 2 片编织。左前片：(1) 下针起针法起 44 针，先织 6cm 双罗纹后，改织花样 B，侧缝不用加减针，织至 19cm 时，改织 6cm 花样 A，两边袖窿平收 3 针后，进行袖窿减针，方法是：每 2 行减 1 针减 5 次，共减 5 针，不加不减织 26 行至肩部。

(2) 肩部平收 20 针，门襟余 16 针继续编织帽片，织至 17cm 收针断线。用同样方法编织右前片。

2. 后片：(1) 下针起针法起 88 针，先织 6cm 双罗纹后，改织花样 B，侧缝不用加减针，织至 19cm 时，改织 6cm 花样 A，两边袖窿平收 3 针后，进行袖窿减针，方法与前片袖窿一样，不加不减织 28 行至肩部。

(2) 两边肩部平收 12 针，中间 32 针继续编织帽片，织至 17cm 收针断线。

3. 袖片：起 36 针，先织 6cm 双罗纹后，改织花样 B，袖下减针，方法是：每 6 行减 1 针减 12 次，织至 18cm 改织花样 A，织至 6cm 时两边各平收 3 针后，进行袖山减针，方法是：每 2 行减 1 针减 18 次，至顶部与 18 针。

4. 缝合：前后片的侧缝和肩部对应缝合，帽顶对应缝合，袖片的袖下缝合后与身片的袖口缝合。

5. 两边门襟至帽子边挑 384 针，织 14 行双罗纹，左边门襟均匀地开纽扣孔，缝上纽扣。编织完成。

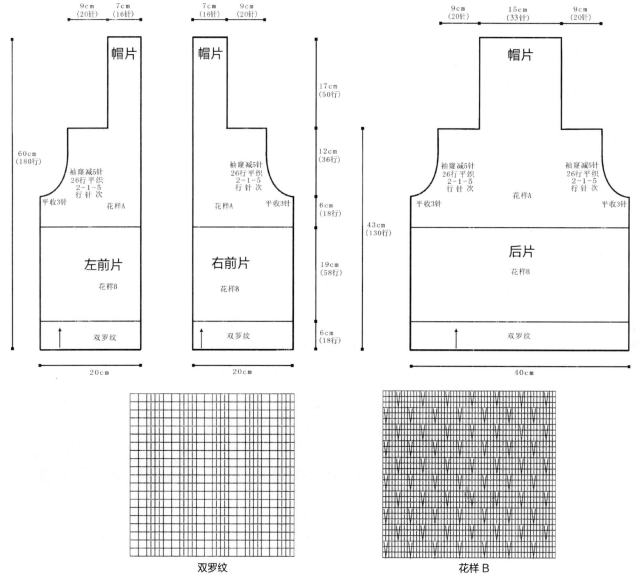

双罗纹　　　　　　　　　　　　花样 B

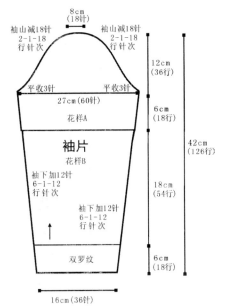

8cm
(18针)
袖山减18针
2-1-18
行针次
袖山减18针
2-1-18
行针次
12cm
(36行)
平收3针
平收3针
27cm(60针)
花样A
6cm
(18行)
袖片
花样B
42cm
(126行)
18cm
(54行)
袖下加12针
6-1-12
行针次
袖下加12针
6-1-12
行针次
双罗纹
6cm
(18行)
16cm(36针)

帽片

帽子是前后片直接编织,帽顶缝合而成

两边门襟至帽边挑384针织14行双罗纹

(14行)

帽子结构图

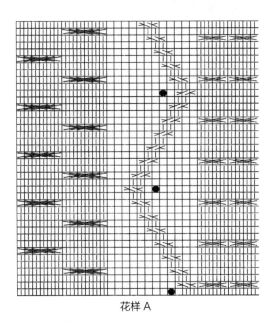

花样A

灯笼袖连帽长外套

【成品尺寸】衣长48cm　胸围80cm　袖长42cm
【工具】3.5mm棒针　绣花针
【材料】红色羊毛绒线若干
【密度】$10cm^2$：20针×28行
【附件】纽扣5枚

【制作过程】

1. 前片：分左右2片编织，左前片用机器边起针法起40针，织4cm双罗纹后，改织花样A，侧缝不用加减针，织至8cm时，中间平收20针，其余的针待用。另起20针，织8cm花样A，形成内衣袋，与待用的针数合并继续编织，织至25cm时左右两边平收5针，开始按图收成袖窿，再织9cm开领窝至织完成，内衣袋与前片缝合。用同样方法对应织右前片。

2. 后片：用机器边起针法起80针，织4cm双罗纹后，改织花样B，织至25cm时左右两边平收5针，开始按图收成袖窿，再织13cm开领窝至完成。

3. 袖片：用机器边起针法起48针，织4cm双罗纹后，改织全下针，袖下按图加针，织至29cm时两边各平收5针，按图示均匀减针，收成袖山。

4. 帽子：按帽子结构图编织。

5. 编织结束后，将前后片侧缝、肩部、袖片对应缝合。门襟至帽缘挑244针，织5cm单罗纹。袋口挑20针，织2cm双罗纹。

6. 装饰：用绣花针缝上纽扣。编织完成。

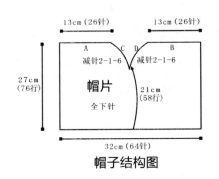

13cm(26针)　　13cm(26针)

A　C D　B
减针2-1-6　减针2-1-6

27cm
(76行)

帽片
全下针

21cm
(58行)

32cm(64针)

帽子结构图

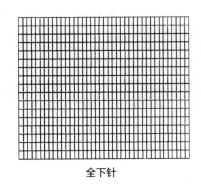

全下针

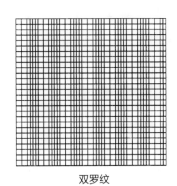

双罗纹

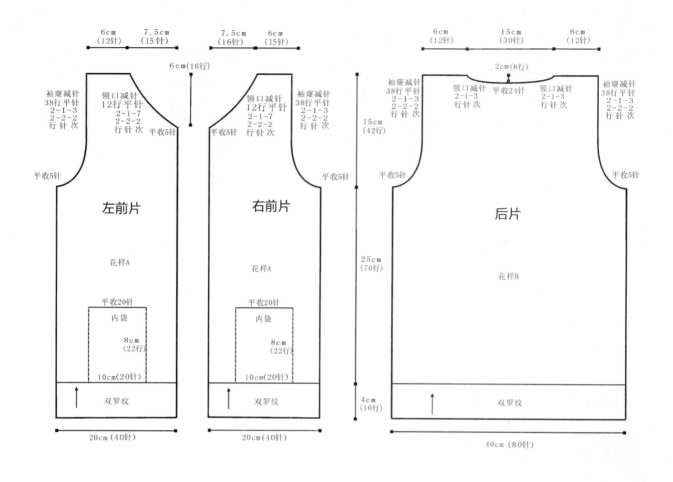

6cm
(12针)

7.5cm
(15针)

7.5cm
(16针)

6cm
(15针)

6cm(16行)

袖窿减针
38行平针
2-1-3
2-2-2
行针次

领口减针
12行平针
2-1-7
2-2-2
行针次

领口减针
12行平针
2-1-7
2-2-2
行针次

袖窿减针
38行平针
2-1-3
2-2-2
行针次

平收5针

平收5针

平收5针

平收5针

左前片

右前片

花样A

花样A

平收20针

平收20针

内袋

内袋

8cm
(22行)

8cm
(22行)

10cm(20针)

10cm(20针)

双罗纹

双罗纹

20cm（40针）

20cm（40针）

6cm
(12针)

15cm
(30针)

6cm
(12针)

2cm(6行)

15cm
(42行)

袖窿减针
38行平针
2-1-3
2-2-2
行针次

领口减针
2-1-3
2-2-2
行针次

平收24针

领口减针
2-1-3
2-2-2
行针次

袖窿减针
38行平针
2-1-3
2-2-2
行针次

平收5针

平收5针

25cm
(70行)

后片

花样B

4cm
(10行)

双罗纹

40cm（80针）

6cm
(12针)

袖山减针
2-3-2
2-2-2
2-1-11
行针次

9cm
(26行)

平收5针

平收5针

32cm（64针）

袖下加针
8-1-8
行针次

29cm
(80行)

袖片

全下针

4cm
(10行)

双罗纹

24cm（48针）

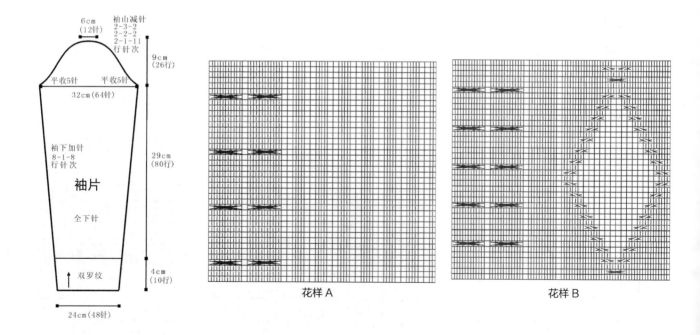

花样 A

花样 B

大花纹翻领毛衣

【成品尺寸】衣长 48cm　胸围 80cm　袖长 42cm
【工具】3.5mm 棒针　绣花针
【材料】浅灰色羊毛绒线若干
【密度】10cm² : 20 针 ×28 行
【附件】纽扣 2 枚

【制作过程】

1. 前片：按图用机器边起针法起 80 针，织 10cm 双罗纹后，改织花样，织至 23cm 时左右两边平收 5 针，开始按图收成袖窿，同时中间平收 16 针为门襟，然后分左右前片，继续编织，再织 9cm 开领窝至织完成。

2. 后片：按图用机器边起针法起 80 针，织 10cm 双罗纹后，改织花样，织至 23cm 时左右两边同时平收 5 针收成袖窿，再织 13cm 时开领窝，直到完成。

3. 袖片：按图用机器边起针法起 48 针，织 10cm 双罗纹后，改织花样，袖下按图加针，织至 23cm 时两边同时平收 5 针，按图示均匀减针，收成袖山。

4. 编织结束后，将前后片侧缝、肩部、袖片对应缝合。

5. 领圈挑 54 针，织 6cm 双罗纹，门襟至领边挑 30 针，织 8cm 双罗纹，形成翻领。

6. 缝上纽扣。编织完成。

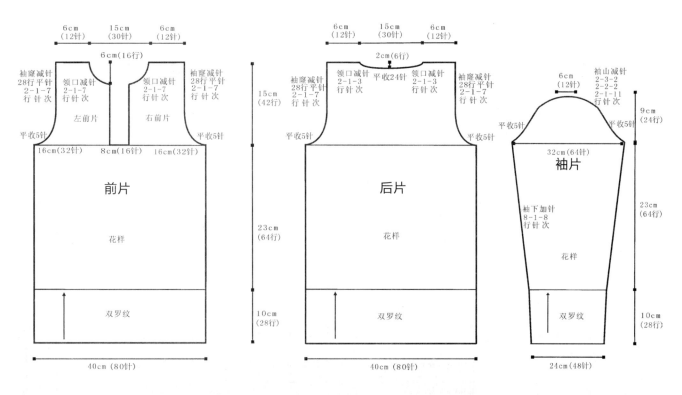

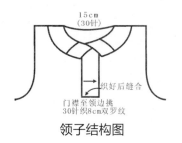

领子结构图

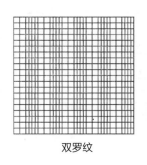

双罗纹

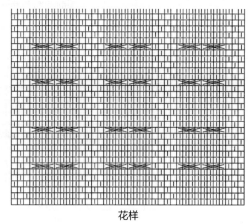

花样

V 领气质小开衫

【成品尺寸】衣长 50cm　胸围 66cm　袖长 37cm
【工具】3.5mm 棒针　绣花针
【材料】蓝色羊毛绒线若干
【密度】10cm² : 26 针 × 34 行
【附件】纽扣 5 枚

【制作过程】

1. 前片：分左右 2 片编织，左前片：用机器边起针法起 47 针，织 6cm 单罗纹后，改织花样，侧缝不用加减针，织至 6cm 时，中间织 12 行单罗纹，然后平收 22 针，两边各余 10 针待用，内衣袋另起 22 针，织 8cm 花样，与前面待用的两边 10 针合并，继续编织，把内衣袋与前片缝合（袋口除外），织至 21cm 时，开始袖窿以上编织，袖窿平收 5 针，开始袖窿减针，方法是：每 2 行减 1 针 3 次，平织 44 行。同时进行领窝减针，方法是：每 2 行减 1 针减 20 次，至肩部余 20 针。用同样方法对织右前片。

2. 后片：用机器边起针法起 94 针，织 6cm 单罗纹后，改织花样，侧缝不用加减针，织至 29cm 时左右两边平收 5 针，开始袖窿减针，方法与前片袖窿一样。同时在袖窿算起织 13cm 时，中间平收 34 针，进行领窝减针，方法是：每 2 行减 1 针减 3 次，至肩部余 21 针。

3. 袖片：用机器边起针法起 47 针，织 6cm 单罗纹后，改织花样，袖下两边按图加针，加针方法是：每 8 行加 1 针加 8 次，织至 22cm 时两边各平收 5 针，进行袖山减针，方法是：每 2 行减 2 针减 3 次，每 2 行减 1 针减 12 次，至顶余 28 针。

4. 编织结束后，将前后片侧缝、肩部、袖片对应缝合。两边门襟至后领窝挑 320 针，织 14 行单罗纹，左门襟间隔 16 行开纽扣孔。

5. 装饰：用绣花针缝上纽扣。编织完成。

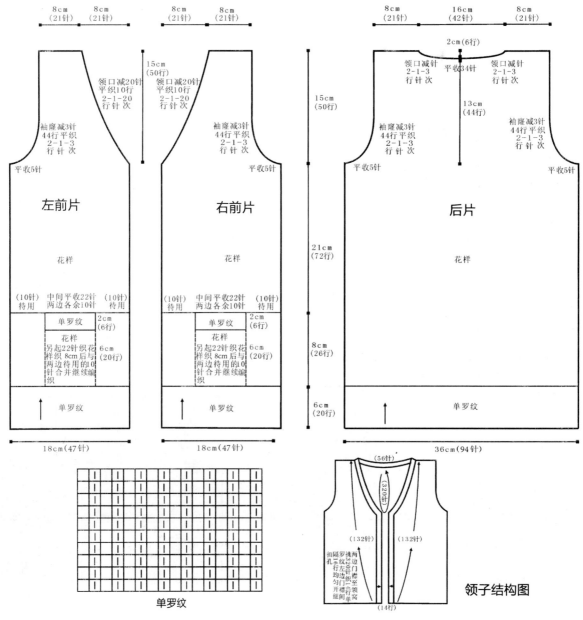

单罗纹

领子结构图

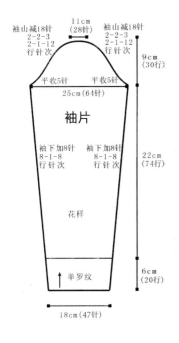

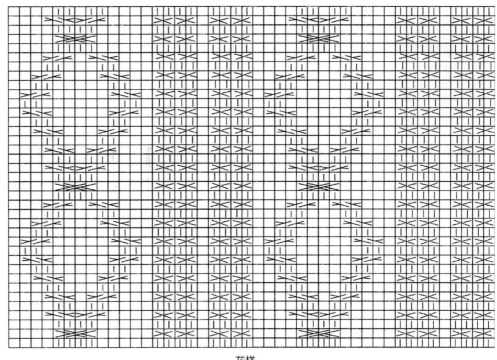

袖山减18针
2-2-3
2-1-12
行针次

11cm
(28针)

袖山减18针
2-2-3
2-1-12
行针次

9cm
(30行)

平收5针　平收5针
25cm(64针)

袖片

袖下加8针
8-1-8
行针次

袖下加8针
8-1-8
行针次

22cm
(74行)

花样

6cm
(20行)

↑ 单罗纹

18cm(47针)

花样

拼色高领毛衣

【成品尺寸】衣长48cm　胸围80cm　袖长42cm
【工具】3.5mm 棒针　绣花针
【材料】棕色、灰色羊毛绒线各若干　粉红色羊毛绒线少许
【密度】$10cm^2$：20针×28行

【制作过程】

1. 前片：用棕色羊毛绒线按图用机器边起针法起80针，织8cm双罗纹后，改织全下针，并用灰色和粉红色羊毛绒线编入花样图案，侧缝不用减针，织至25cm时左右两边各平收5针，开始按图收成袖窿，再织9cm开领窝至织完成。
2. 后片：织法与前片一样，只是需按图开领窝。
3. 袖片：用棕色羊毛绒线按图用机器边起针法起48针，织8cm单罗纹后，改织全下针，袖下按图加针，并用灰色和粉红色羊毛绒线编入花样图案，织至25cm按图示均匀减针，收成袖山。
4. 编织结束后，将前后片侧缝、肩部、袖片对应缝合。
5. 领圈挑76针，织18cm双罗纹，两边均匀加针，形成高领。
6. 用绣花针，按十字绣的绣法，绣上部分图案。编织完成。

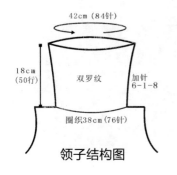

42cm（84针）

18cm
(50行)

双罗纹

加针
6-1-8

圈织38cm(76针)

领子结构图

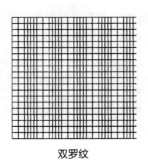

双罗纹

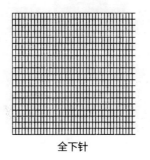

全下针

单罗纹

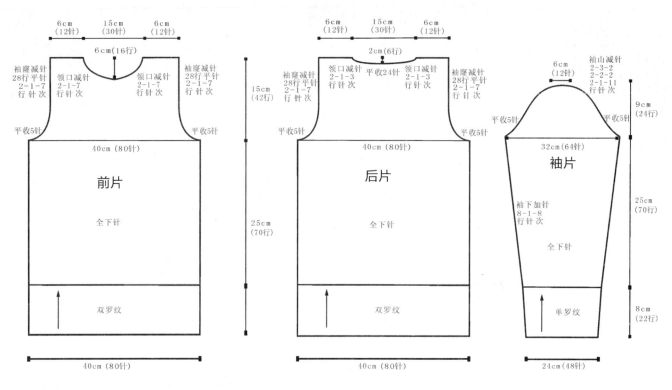

前片

6cm(12针)　15cm(30针)　6cm(12针)

6cm(16行)

袖窿减针 28行平针 2-1-7 行针次　　领口减针 2-1-7 行针次　　领口减针 2-1-7 行针次　　袖窿减针 28行平针 2-1-7 行针次

平收5针　　　　　　平收5针

40cm (80针)

全下针

15cm(42行)

25cm(70行)

双罗纹

40cm (80针)

后片

6cm(12针)　15cm(30针)　6cm(12针)

2cm(6行)

袖窿减针 28行平针 2-1-7 行针次　　领口减针 2-1-3 行针次　　平收24针　　领口减针 2-1-3 行针次　　袖窿减针 28行平针 2-1-7 行针次

平收5针　　　　　　平收5针

40cm (80针)

全下针

双罗纹

40cm (80针)

袖片

6cm(12针)

袖山减针 2-3-2 2-2-2 2-1-11 行针次

平收5针　　平收5针

32cm(64针)

袖下加针 8-1-8 行针次

全下针

9cm(24行)

25cm(70行)

单罗纹

8cm(22行)

24cm(48针)

花样图案

喜庆红色毛衣

【成品尺寸】 衣长 42cm　胸围 76cm　袖长 34cm

【工具】 3.5mm 棒针　绣花针

【材料】 红色羊毛绒线若干　黑色羊毛绒线少许

【密度】 10cm² : 20 针 ×28 行

【制作过程】

1. 从领圈往下编织,按编织方向,用一般起针法起98针,先片织12行全下针,作为领子,然后加6针门襟后圈织,分前后片和两边衣袖,继续织全下针,之间留2针,然后按花样 A 加针。

2. 织至 18cm 时,前片和后片分别继续编织24cm 全下针,并配色。

3. 两边袖片继续织 16cm 全下针,并配色。

4. 领圈至门襟,用黑色线挑 36 针,织 3cm 花样 B,再织 2 行红色线,领尖重叠。

5. 装饰 : 用绣花针绣上花样图案。编织完成。

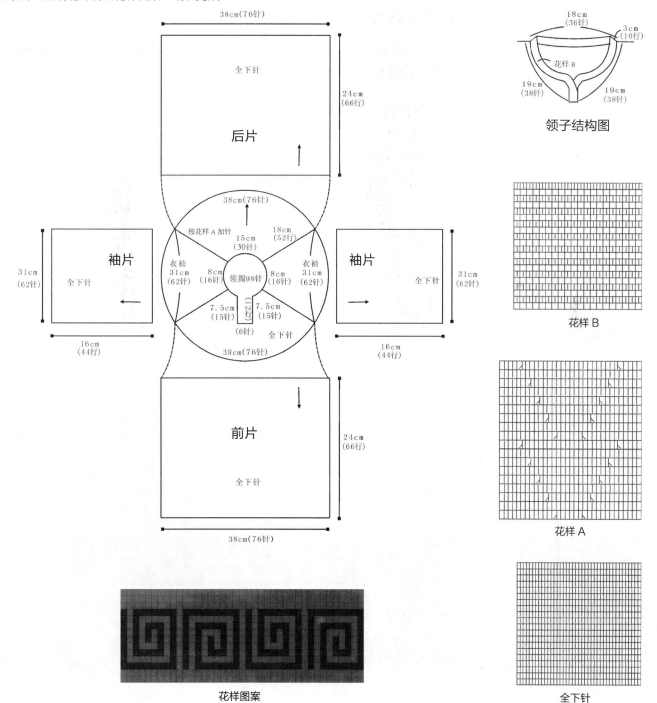

花样图案

领子结构图

花样 B

花样 A

全下针

企鹅图案拼色毛衣

【成品尺寸】 衣长 48cm　胸围 80cm　袖长 45cm
【工具】 3.5mm 棒针
【材料】 浅灰色羊毛绒线若干　深灰色、粉红色羊毛绒线各少许
【密度】 10cm² : 20 针 ×28 行

【制作过程】

1. 前片：用深灰色羊毛绒线机器边起针法起 80 针，织 5cm 单罗纹后，改织全下针，并用浅灰色和粉红色羊毛绒线配色和编入花样图案，侧缝不用加减针，织至 28cm 时左右两边平收 5 针，开始按图收成插肩袖，再织 6cm 时开领窝，至织完成。

2. 后片：织法与前片一样，需按图开领窝。

3. 袖片：用深灰色羊毛绒线机器边起针法起 48 针，织 5cm 单罗纹后，改织全下针，并用浅灰色羊毛绒线配色，袖下按图加针，织至 24cm 时按图示均匀减针，收成插肩袖山。

4. 编织结束后，将前后片侧缝、袖片对应缝合。

5. 领圈挑 86 针，织 5cm 单罗纹，向内对折缝合，形成双层圆领。编织完成。

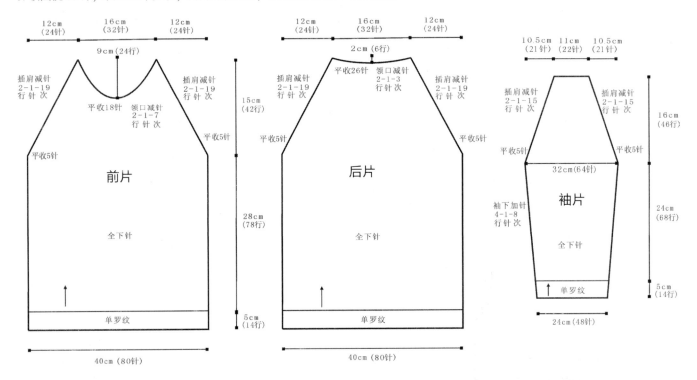

领子结构图

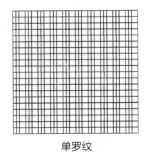

单罗纹

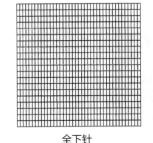

全下针

花样图案

中国风可爱毛衣

【成品尺寸】衣长 42cm　胸围 76cm　袖长 43cm
【工具】3.5mm 棒针　绣花针
【材料】红色羊毛绒线若干　黑色羊毛绒线少许
【密度】10cm² : 22 针 ×30 行
【附件】装饰纽扣 2 枚

【制作过程】
1. 前片：用红色线起 84 针，先织双层平针狗牙底边，然后用黑色线改织 6cm 全下针，再改用红色线编织，并编入花样图案，织至 19cm 时左右两边平收 4 针，开始按花样减针成插肩袖，同时从插肩袖窿算起，织 11cm 处，在中间分成两片编织，织 10 行门襟后，各平收 14 针开领窝，方法是：每 2 行减 1 针减 4 次。
2. 后片：插肩袖以下织法与前片一样，在插肩袖窿算起 45 行处，在中间平收 32 针开领窝，方法是：两边每 2 行减 1 针减 2 次。
3. 袖片：先用红色线起 52 针，先织双层平针狗牙底边，然后用黑色线改织 6cm 全下针，再改用红色线编织，袖下按图加针，方法是：每 6 行加 1 针加 9 次，织至 20cm 时按花样均匀减针，收成插肩袖山。
4. 编织结束后，将前后片侧缝、袖子对应缝合。
5. 领圈至门襟用黑色线挑 132 针，织 3cm 单罗纹，再用红色线织双层平针狗牙底边。
6. 装饰：用绣花针缝上装饰纽扣。编织完成。

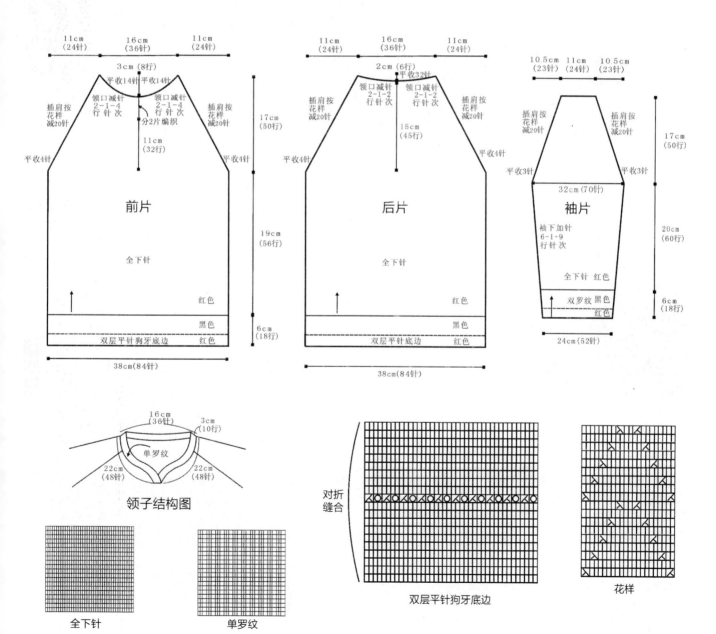

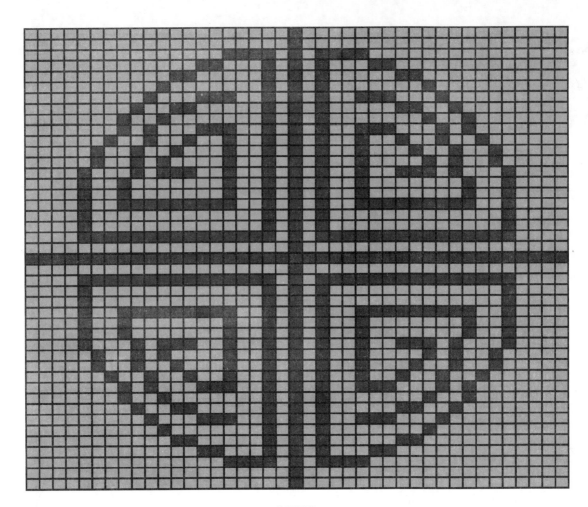

花样图案

可爱娃娃连帽毛衣

【成品尺寸】 衣长 48cm　胸围 74cm　袖长 45cm
【工具】 3.5mm 棒针
【材料】 灰色羊毛绒线若干
【密度】 10cm² : 25 针 ×32 行

【制作过程】

1. 前片：用平针起针法起 68 针，织全下针，两边按图加针至 92 针，并编入图案，织至 33cm 时左右两边平收 5 针，开始按图收成插肩袖。中间平收 6 针后，分两边编织，织至 6cm 时减针开领窝，直到完成。

2. 后片：用平针起针法起 68 针，织全下针，两边按图加针至 92 针，并编入后片图案。立体娃娃肩部的装饰片另织，起 8 针，织 14 行，剪数条 2cm 的线做成留须。立体娃娃的手另织，起 3 针圈织全下针，并均匀加针至 20 针，织至 14 行，按图缝合。立体娃娃的脚用线做 2 个毛毛球，按图缝合。织至 33cm 时左右两边平收 5 针，开始收成插肩袖，织至 13cm 时中间平收 26 针开领窝，直到完成。

3. 袖片：用平针起针法起 62 针，织 4cm 花样后，改织全下针，袖下按图加针，织至 25cm 时按图示平收 5 针后，均匀减针，收成插肩袖山。

4. 前后片下摆分别挑适合针数，织 4cm 花样。

5. 编织结束后，将前后片侧缝、袖片对应缝合。

6. 领圈边挑 96 针，织 18cm 全下针，并编入图案，两边平收 38 针，剩 20 针继续编织 15cm 后收针，然后 A 与 B 缝合，C 与 D 缝合，形成帽子。沿着两边前领到帽缘，挑适合针数，织 3cm 单罗纹。编织完成。

宝宝的贴心
手工毛衣

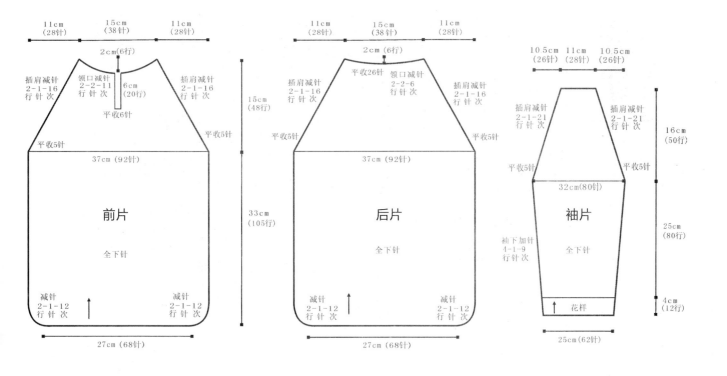

11cm (28针)　15cm (38针)　11cm (28针)

2cm(6行)

插肩减针
2-1-16
行针次

领口减针
2-2-11
行针次

6cm
(20行)

平收6针

插肩减针
2-1-16
行针次

平收5针

平收5针

37cm (92针)

前片

全下针

15cm
(48行)

33cm
(105行)

减针
2-1-12
行针次

减针
2-1-12
行针次

27cm (68针)

11cm (28针)　15cm (38针)　11cm (28针)

2cm(6行)

插肩减针
2-1-16
行针次

平收26针

领口减针
2-2-6
行针次

插肩减针
2-1-16
行针次

平收5针

平收5针

37cm (92针)

后片

全下针

减针
2-1-12
行针次

减针
2-1-12
行针次

27cm (68针)

10.5cm　11cm　10.5cm
(26针)　(28针)　(26针)

插肩减针
2-1-21
行针次

插肩减针
2-1-21
行针次

平收5针

平收5针

32cm (80针)

袖片

全下针

16cm
(50行)

袖下加针
4-1-9
行针次

25cm
(80行)

花样

4cm
(12行)

25cm (62针)

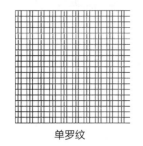

单罗纹

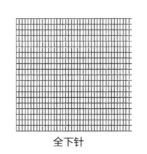

全下针

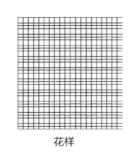

花样

圈织20针

立体娃娃的手

全下针

4cm
(14行)

起3针圈织
并均匀加针
至20针后织
14行全下针

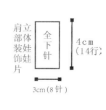

肩部立体装饰娃娃片

全下针

4cm
(14行)

3cm (8针)

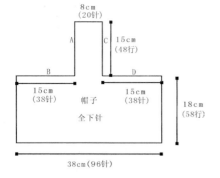

8cm
(20针)

A　C

15cm
(48行)

B　D

15cm (38针)　15cm (38针)

帽子
全下针

18cm
(58行)

38cm (96针)

帽子结构图

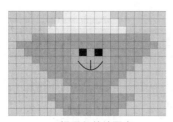

帽子和前片图案

后片图案

蕾丝花边下摆毛衣

【成品尺寸】 衣长 46cm　胸围 76cm　袖长 38cm

【工具】 3.5mm 棒针　绣花针　钩针

【材料】 黑色羊毛绒线若干

【密度】 10cm² : 20 针 ×28 行

【附件】 纽扣 2 枚

【制作过程】

1. 从领圈往下编织，用一般起针法起 92 针，先织 3cm 花样 C，作为领子，然后开始分前后片和袖片，织全下针，之间留 4 针，并在 4 针两旁边，每 2 行各加 1 针，如此织至 18cm 时，分别编织前片、后片和袖片，前片分左右 2 片编织，和后片一样，织 22cm 全下针，门襟留 6 针作为织单罗纹的门襟，然后改织 3cm 花样 A 和 3cm 花样 B 的下摆。

2. 袖口挑 62 针，织 18cm 全下针后，改织 2cm 花样 C。

3. 装饰 : 缝上纽扣，在下摆的门襟边用钩针钩织花边。编织完成。

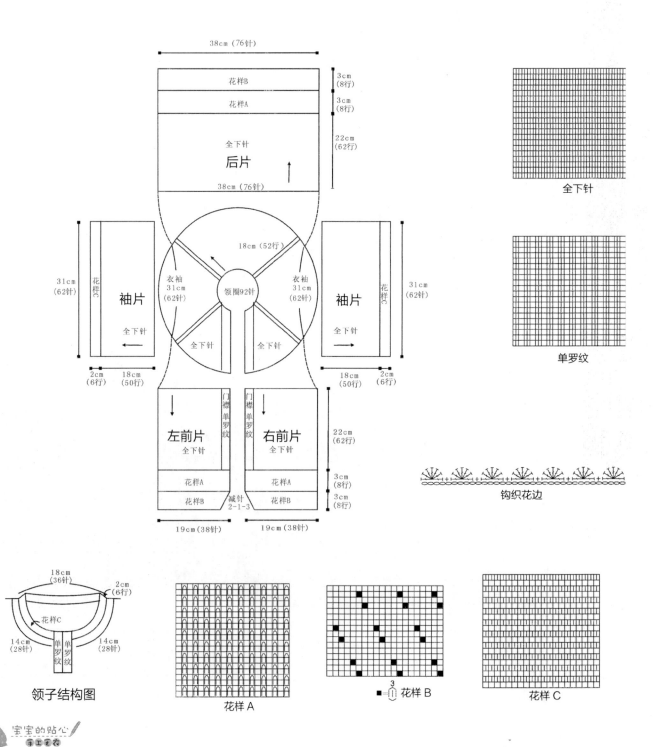

立体花朵收腰连衣裙

【成品尺寸】 衣长 48cm　胸围 74cm

【工具】 3.5mm 棒针　钩针

【材料】 黑色羊毛绒线若干　玫红色羊毛绒线少许

【密度】 $10cm^2$：20 针 × 28 行

【制作过程】

1. 前片：先用玫红色线，按图用下针起针法起 74 针，织 4cm 花样 B 后，改用黑色线织全下针，织至 17cm 时，改织 6cm 花样 A，再改织全下针，织至 6cm 时左右两边平收 5 针，开始按图收成袖窿，再织 6cm 中间平收 16 针，开领窝，左右肩分别编织直到完成。

2. 后片：织法与前片一样，只是需按图开领窝。

3. 编织结束后，将前后片侧缝、肩部对应缝合。

4. 领圈用玫红色线，用钩针钩织 3cm 花样 C，形成花边圆领。两边袖口先以肩部为中点挑 40 针，再用玫红色线把袖窿的针数挑齐，织 4cm 花样 B。

5. 用钩针钩织前片的小花。编织完成。

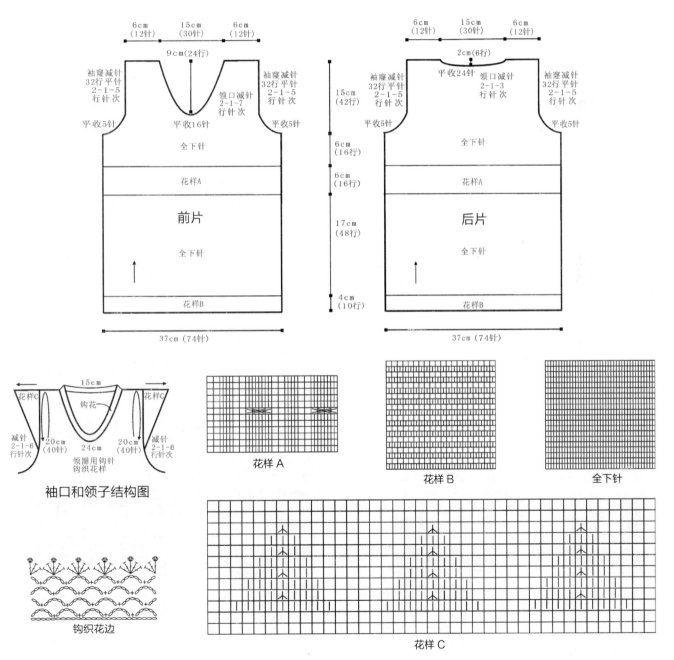

花样 A

花样 B

全下针

袖口和领子结构图

钩织花边

花样 C

保暖高领毛衣

【成品尺寸】 衣长 48cm　胸围 80cm　袖长 45cm
【工具】 3.5mm 棒针
【材料】 灰色羊毛绒线若干
【密度】 10cm² : 20 针 ×28 行

【制作过程】

1. 前片：用机器边起针法起 80 针，织 8cm 双罗纹后，改织花样 A，侧缝不用加减针，织至 25cm 时左右两边平收 5 针，开始按图收成插肩袖，再织 9cm 开领窝，直到完成。

2. 后片：织法与前片一样，织完 8cm 双罗纹后，改织花样 B，需按图开领窝。

3. 袖片：用机器边起针法起 48 针，织 8cm 双罗纹后，改织花样 B，袖下按图加针，织至 21cm 时按图示均匀减针，收成插肩袖山。

4. 编织结束后，将前后片侧缝、袖片缝合。

5. 领圈挑 76 针，织 18cm 双罗纹，侧缝按图加针，形成半高领。编织完成。

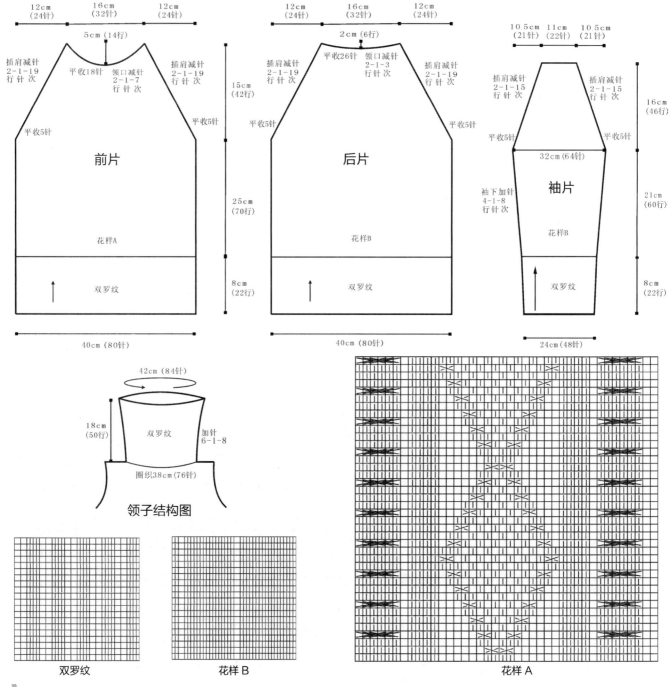

领子结构图

双罗纹　　花样 B　　花样 A

宝宝的贴心手工毛衣

灯笼袖毛衣

【成品尺寸】 衣长 36cm　胸围 60cm　袖长 32cm

【工具】 3.5mm 棒针　缝衣针

【材料】 灰色羊毛绒线若干　黑色羊毛绒线少许

【密度】 10cm² : 28 针 ×40 行

【附件】 钩织花朵 3 朵

【制作过程】

1. 前片：按图用下针起针法起 98 针，织 7cm 花样后，改用灰色线织全下针，侧缝不用加减针，织至 23cm 时，开始袖窿以上的编织，两边平收 5 针，同时均匀减针：隔 4 针并掉 1 针，共减 24 针，然后袖窿减针，并换黑色线，方法是：每 2 行减 1 针减 2 次，68 行平织。同时从袖窿算起，织 12cm 时，在中间平收 20 针，两边领窝减针，方法是：每 2 行减 1 针减 4 次，平织 16 行，至肩部余 16 针。

2. 后片：袖窿和袖窿以下织法与前片一样。从袖窿算起，织 16cm 时，在中间平收 24 针，两边领窝减针，方法是：每 2 行减 1 针减 2 次，平织 4 行，至肩部余 16 针。

3. 袖片：按图用黑色线，平针起针法起 56 针，织 7cm 双罗纹后，改织全下针，袖下按图加针，方法是：每 10 行加 1 针加 9 次，织至 23cm，按图示两边平收 5 针后，袖山减针，方法是：每 2 行减 1 针减 7 次，每 2 行减 2 针减 3 次，每 2 行减 3 针减 3 次，每 2 行减 4 针减 1 次，顶部余 16 针。

4. 编织结束后，将前后片侧缝、肩部、袖片对应缝合。

5. 领圈用钩针钩织花边，形成花边圆领。

6. 缝上钩织花朵。编织完成。

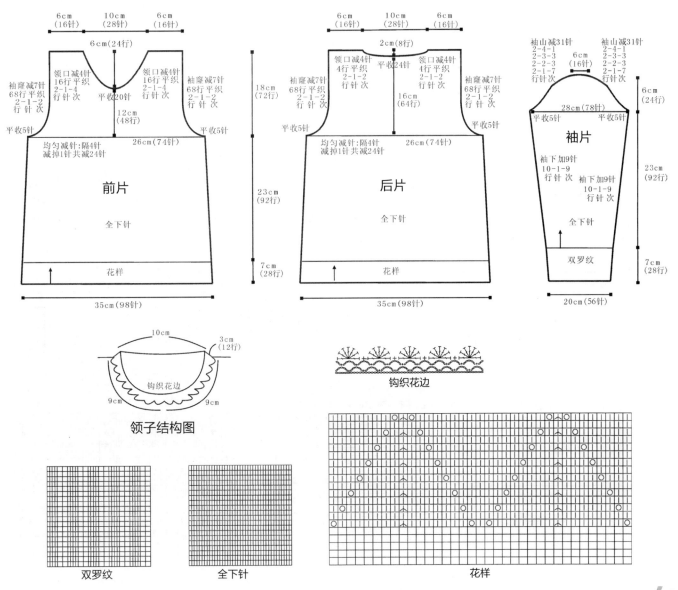

绿色连帽无袖裙

【成品尺寸】衣长 55cm　胸围 74cm
【工具】3.5mm 棒针
【材料】绿色羊毛绒线若干
【密度】10cm² : 20 针 ×28 行

【制作过程】

1. 前片：按图用下针起针法起 80 针，织 15cm 花样 B 后，改织花样 A，侧缝不用加减针，织至 25cm 时左右两边平收 5 针，开始按图收成袖窿，再织 7cm 时，在中间平分左右两片，不用加减针，一直织至肩部，中间方向留 28 针不用收针待用。

2. 后片：织法与前片一样，织全下针，只是需按图开领窝。

3. 编织结束后，将前后片侧缝、肩部对应缝合。

4. 两边门襟留用的 16 针与后片领圈挑 32 针，合并编织 27cm 花样 C，边缘缝合，形成帽子。两边袖口各挑 60 针，织 3cm 双罗纹。编织完成。

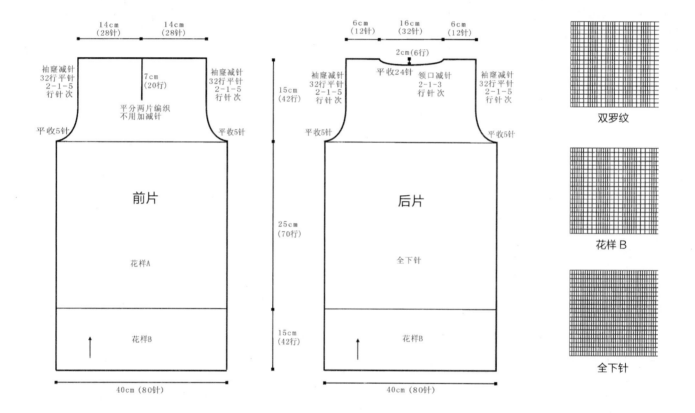

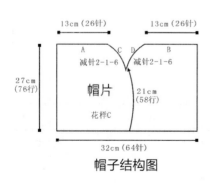

帽子结构图

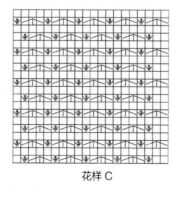

花样 C

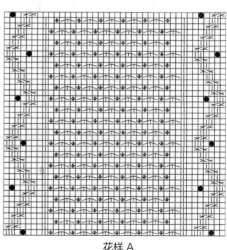

花样 A

休闲连帽外套

【成品尺寸】 衣长 48cm　胸围 76cm　袖长 45cm

【工具】 3.5mm 棒针　缝衣针

【材料】 黄色羊毛绒线若干

【密度】 10cm² : 30 针 ×38 行

【附件】 纽扣 7 枚

【制作过程】

1. 前片：分左右 2 片编织，左前片起 57 针，织 3cm 单罗纹后，改织花样 A，侧缝不用加减针，织至 25cm 时，开始编织袖窿以上部分，袖窿平收 5 针，开始按图收成袖窿，减针方法是：每 2 行减 1 针减 7 次，平织 62 行。同时从袖窿算起，织至 14cm 时平收 5 针后开领窝，方法是：每 2 行减 2 针减 8 次，每 2 行减 1 针减 3 次，至肩部余 21 针。用同样方法对应织右前片。

2. 后片：起 114 针，织 3cm 单罗纹后，改织花样 B，侧缝不用加减针，织至 25cm 时，开始袖窿以上编织，左右两边各平收 5 针，开始按图收成袖窿，减针方法与前片袖窿一样，同时从袖窿算起织 18cm 时，中间平收 42 针开领窝，减针方法是：每 2 行减 1 针减 3 次，至肩部余 21 针。

3. 袖片：起 66 针，织 3cm 单罗纹后，改织花样 A，袖下两边按图加针，加针方法是：每 6 行加 1 针加 15 次，织至 27cm 时两边各平收 5 针，按图示均匀减针，收成袖山，减针方法是：每 2 行减 1 针减 18 次，每 2 行减 2 针减 3 次，每 2 行减 3 针减 2 次，每 2 行减 4 针减 1 次，至顶部余 18 针。

4. 编织结束后，将前后片侧缝、肩部、袖片对应缝合。领边挑 84 针，织 30cm 花样 B，帽边留 8 针织花样 C，帽缘 A 与 B 缝合，形成帽片。

5. 两边门襟分别挑 126 针，织 3cm 单罗纹，右前片均匀地开纽扣孔。

6. 装饰：用缝衣针缝上纽扣。编织完成。

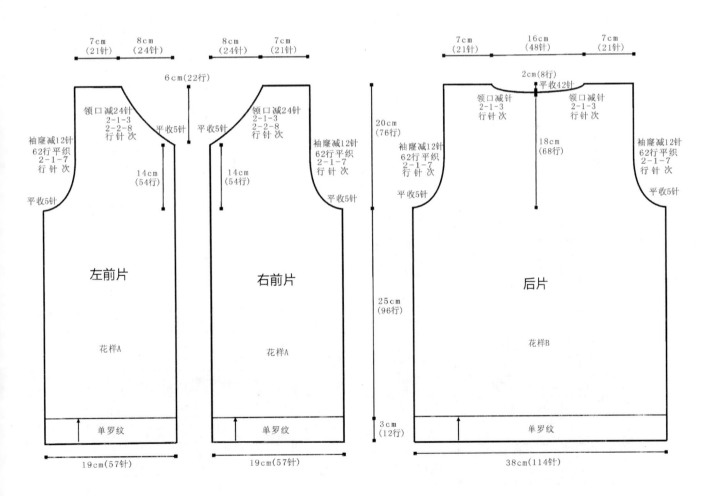

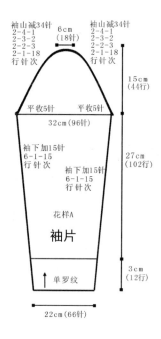

袖山减34针
2-4-1
2-3-2
2-2-3
2-1-18
行针次

6cm
(18针)

袖山减34针
2-4-1
2-3-2
2-2-3
2-1-18
行针次

15cm
(44行)

平收5针　　平收5针

32cm(96针)

袖下加15针
6-1-15
行针次

袖下加15针
6-1-15
行针次

27cm
(102行)

花样A

袖片

3cm
(12行)

↑ 单罗纹

22cm(66针)

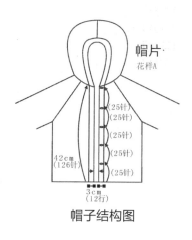

帽片·
花样A

(25针)
(25针)
(25针)
(25针)
(25针)

42cm
(126针)

3cm
(12行)

帽子结构图

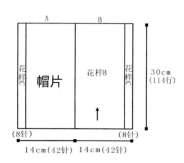

A　　B

花样C　　**帽片**　花样B　花样C

30cm
(114行)

(8针)　　　　　　　　(8针)
14cm(42针)　14cm(42针)

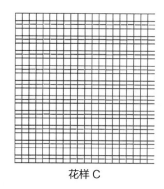

花样C

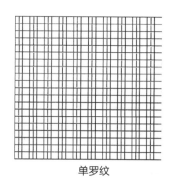

单罗纹

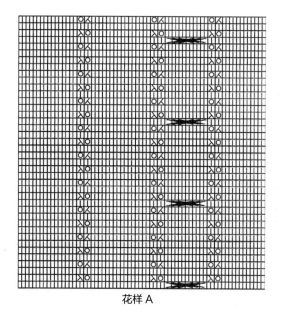

花样A

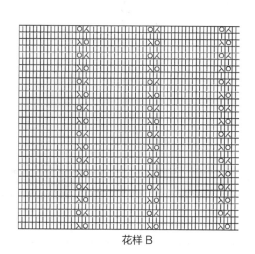

花样B

宝宝的贴心
手工毛衣

牛角扣宽松外套

【成品尺寸】 衣长 50cm　胸围 66cm　袖长 37cm
【工具】 3.5mm 棒针　绣花针
【材料】 绿色羊毛绒线若干
【密度】 10cm² : 26 针 × 34 行
【附件】 纽扣 5 枚

【制作过程】

1. 前片：分左右 2 片编织，左前片用机器边起针法起 42 针，织 6cm 双罗纹后，改织花样，侧缝不用加减针，织至 15cm 时，中间织 12 针双罗纹，然后平收 22 针，两边各余 10 针待用，内衣袋另起 22 针，织 11cm 花样，改织至 4cm 双罗纹时，与前面待用的两边 10 针合并，继续编织，织至 14cm 时，开始袖窿以上编织，袖窿平收 5 针，开始按图收成袖窿，减针方法是：每 2 行减 1 针减 7 次，平织 36 行。同时在袖窿算起，织至 8cm 时平收 5 针后开领窝，方法是：每 2 行减 1 针减 13 次，至肩部余 13 针，用同样方法对应织右前片。

2. 后片：用机器边起针法起 86 针，织 6cm 双罗纹后，改织花样，侧缝不用加减针，织至 29cm 时左右两边平收 5 针，开始按图收成袖窿，减针方法与前片袖窿一样。同时在袖窿算起织 13cm 时，中间平收 30 针开领窝，减针方法是：每 2 行减 1 针减 3 次，至肩部余 12 针。

3. 袖片：用机器边起针法起 52 针，织 6cm 双罗纹后，改织花样，袖下两边按图加针，加针方法是：每 12 行加 1 针加 6 次，织至 22cm 时两边各平收 5 针，按图示均匀减针，收成袖山减针方法是：每 2 行减 1 针减 9 次，每 2 行减 2 针减 2 次，每 2 行减 3 针减 2 次，至顶部余 16 针。

4. 编织结束后，将前后片侧缝、肩部、袖片对应缝合。领边挑 72 针，织 30cm 花样，帽缘 A 与 B 缝合，形成帽片。两边门襟至帽缘挑 380 针，织 14 行双罗纹，右前片均匀地开纽扣孔。

5. 帽子顶部的毛毛球另做好，缝合。

6. 装饰：用绣花针缝上纽扣。编织完成。

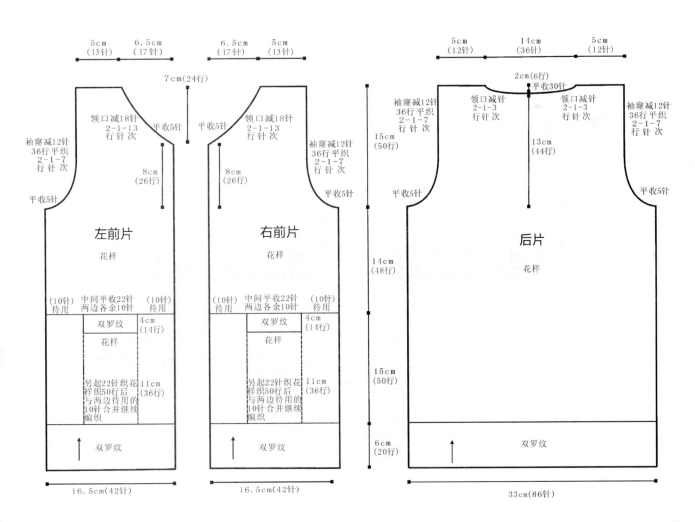

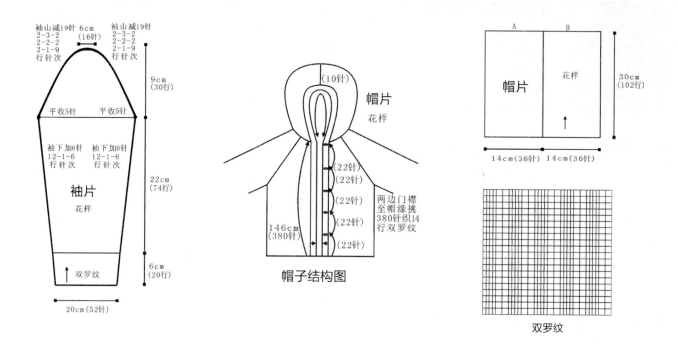

袖山减19针 6cm
2-3-2 (16针)
2-2-2
2-1-9
行针次

袖山减19针
2-3-2
2-2-2
2-1-9
行针次

9cm
(30行)

平收5针　　　平收5针

袖下加6针　　袖下加6针
12-1-6　　　12-1-6
行针次　　　行针次

22cm
(74行)

袖片

花样

↑ 双罗纹

6cm
(20行)

20cm(52针)

(10针)

帽片
花样

(22针)
(22针)
(22针)
(22针)
(22针)

146cm
(380针)

两边门襟
至帽缘挑
380针织14
行双罗纹

帽子结构图

A　　　B

帽片

花样

30cm
(102行)

14cm(36针)　14cm(36针)

双罗纹

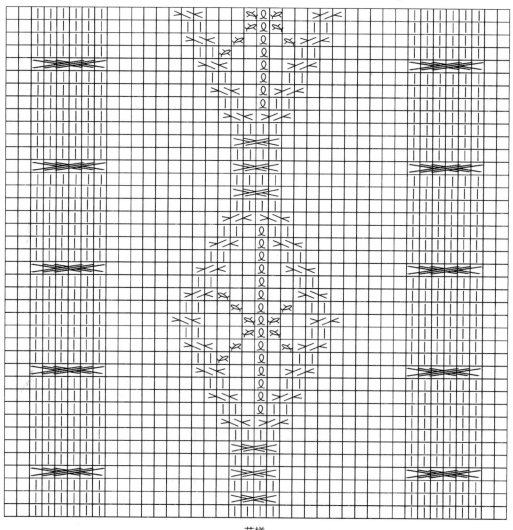

花样

宝宝的贴心
手工毛衣

中国风典雅毛衣

【成品尺寸】 衣长 34cm　胸围 66cm　袖长 34cm
【工具】 3.5mm 棒针　绣花针
【材料】 浅黄色羊毛绒线若干　黑色羊毛绒线少许
【密度】 10cm² : 26 针 ×38 行
【附件】 装饰纽扣 1 枚

【制作过程】

1. 前片：用浅黄色线起 86 针，先织双层平针底边，然后用黑色线改织 6cm 全下针，再改用浅黄色线编织，并编入花样图案，织至 12cm 时左右两边平收 4 针，开始按花样减针成插肩袖，同时从插肩袖窿算起，织 9cm 处，在中间留 12 针不织，分成 2 片织 12 行后，各平收 14 针开领窝，方法是：每 2 行减 2 针减 7 次。

2. 后片：插肩袖以下织法与前片一样，领窝的减针：从插肩袖窿算起 14cm 处，在中间平收 34 针后领窝减针，方法是：两边每 2 行减 1 针减 3 次。

3. 袖片：先用浅黄色线起 62 针，先织双层平针狗牙底边，然后用黑色线改织 6cm 全下针，再改用浅黄色线编织，袖下不用加减针，织至 12cm 时，两边平收 4 针后，按花样 A 均匀减针，收成插肩袖山。

4. 编织结束后，将前后片侧缝、袖子对应缝合。

5. 门襟两边用黑色线，各挑 6 针，织 12 行花样 B 后，接着在领边挑 110 针，与门襟 6 针一起织 3cm 花样 B。

6. 装饰：用绣花针缝上装饰纽扣和中间的装饰边。编织完成。

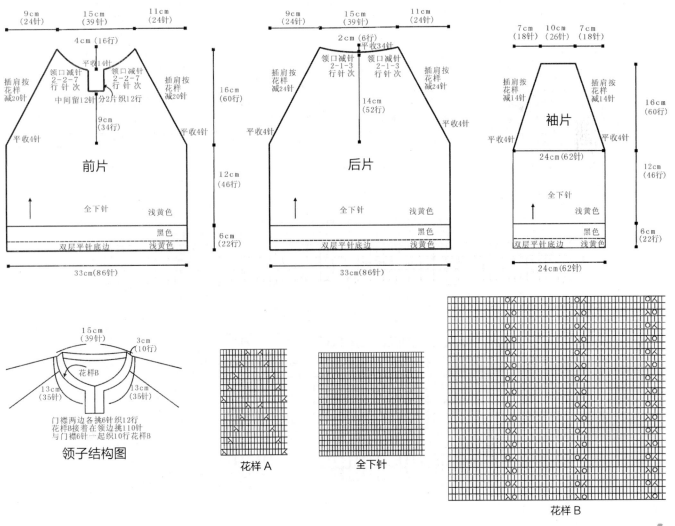

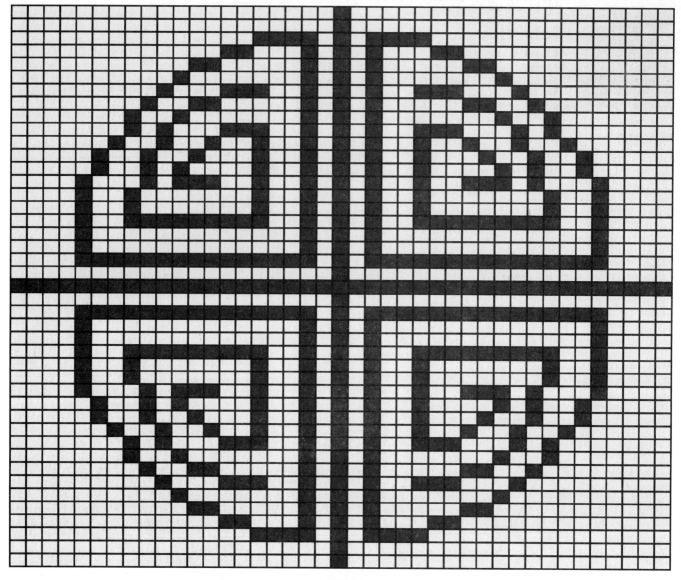

花样图案

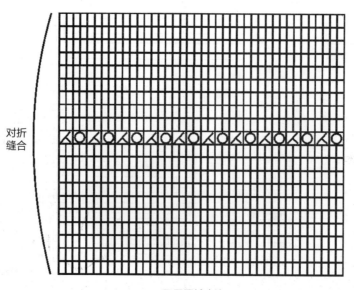

对折
缝合

双层平针底边